POWER
in the Wild

荒野夺权
动物世界的明争暗夺

[美] 李·艾伦·杜加金（Lee Alan Dugatkin）/ 著

张玫瑰 / 译

中国出版集团

中译出版社

推荐语

〜〜〜〜〜

"这是一趟探索动物行为和进化的复杂剧情的精彩旅程。一路走来，我们看到了生动的科学研究过程，这是对人们如何加深对动物世界的理解的精彩阐述。"

——戴维·乔治·哈斯凯尔

普利策奖入围作品《看不见的森林》和巴勒斯奖章获奖作品《树之歌》作者

"权力及其带来的得与失，将天使鱼、织巢鸟、渡鸦和蟑螂联系在一起。通过揭示其在自然界惊人的多样性，杜加金阐释了权力不一定会被滥用或是丑陋的，它只是生活中的一个事实。从对抗到间谍活动，从联盟的形成到解散，他引人入胜的故事探讨了动物是如何处理它们的关系并进行持久战的。"

——马琳·祖克

《古生物学幻想》和《昆虫的私生活》作者

"在这本书中，杜加金将有趣的轶事和学术性的科学研究毫不费力地组合在一起，通过几十年来对动物界权力本质的研究，使人感到愉快而热闹。无论你是学生、科学家，还是业余的动物行为爱好者，这对于你来说都是一本好书。"

——阿瑟纳·阿克提皮斯

《作弊的细胞》作者

"'生物学'意味着'对生命的研究'，它需要讲述生命的故事，而杜加金恰恰对此十分擅长。他描绘的关于世界各地的动物以及科学家的故事，足以让大卫·爱登堡 (BBC 电视台主持人，曾参与三十余部自然纪录片的拍摄与制作，被誉为'世界自然纪录片之父') 满意。当我们在这本清晰明了、生动活泼的书中看到一个又一个富有启发性的自然故事时，脑海中浮现的是他那动人的叙述。对于科学写作和自然写作的爱好者来说，这本书仿佛自然界多样性的一场庆典。"

——迈克尔·西姆斯

《亚当的肚脐》和《亨利·梭罗的冒险》作者

潜鸟　驯鹿　　　　　　　　　　　　　　　　　　　黇鹿

云雀

象海豹　　　　　　　　　　　　　　　　　　　　马

胡蜂

丛鸦

剑尾鱼　　　　狨猴

慈鲷

吼猴　　　卷尾猴

阿根廷蚁

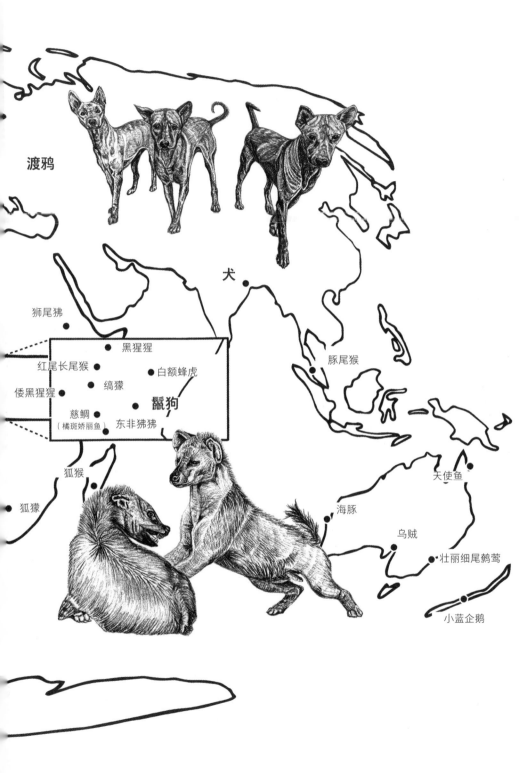

渡鸦

犬

狮尾狒

黑猩猩

红尾长尾猴 白额蜂虎

倭黑猩猩 缟獴

慈鲷 **鬣狗**
（橘斑娇丽鱼） 东非狒狒

豚尾猴

狐猴

狐獴

天使鱼

海豚

乌贼

壮丽细尾鹩莺

小蓝企鹅

物种	分布地区
鬣狗	肯尼亚马赛马拉野生动物保护区
狐猴	马达加斯加奇灵地国家公园
黑猩猩	乌干达布东戈森林保护区
狐獴	南非库鲁曼河保护区
东非狒狒	坦桑尼亚贡贝国家公园
倭黑猩猩	刚果民主共和国万巴地区
狮尾狒	埃塞俄比亚阿姆哈拉地区
慈鲷	布隆迪坦噶尼喀湖
白额蜂虎	肯尼亚吉尔吉尔
缟獴	乌干达伊丽莎白国家公园
红尾长尾猴	乌干达基巴莱森林国家公园
潜鸟	美国威斯康星州莱茵兰德
象海豹	美国加利福尼亚州圣克鲁兹县
胡蜂	美国路易斯安那州门罗县
阿根廷蚁	阿根廷巴拉那德拉帕尔马斯河
丛鸦	美国佛罗里达州阿奇博尔德生物站
驯鹿	大花园国家自然保护区（加拿大拉克－皮卡巴无建制领地）
剑尾鱼	墨西哥韦拉克鲁斯州
慈鲷（橘斑娇丽鱼）	尼加拉瓜西洛亚湖
卷尾猴	巴拿马巴罗科罗拉多岛
猕猴	波多黎各圣地亚哥岛
吼猴	墨西哥图斯特拉区
云雀	法国奥尔赛
渡鸦	奥地利格鲁瑙
马	法国卡玛格地区
黇鹿	爱尔兰都柏林
豚尾猴	马来西亚霹雳州
犬	印度加尔各答
天使鱼	澳大利亚蜥蜴岛
乌贼	澳大利亚怀阿拉
壮丽细尾鹩莺	澳大利亚堪培拉
小蓝企鹅	纽西兰班克斯半岛
海豚	澳大利亚鲨鱼湾

序

从维也纳往北驱车一小时，就到了狼科学研究园（Wolf Science Research Park）。2018年冬天，我去那里为新书《如何将狐狸驯化成狗》（*How to Tame a Fox and Build a Dog*）做了一次演讲。这本书是我和柳德米拉·特鲁特（Lyudmila Trut）合写的，讲的是俄罗斯新西伯利亚市（Novosibirsk）的赤狐驯化实验，该实验持续了62年，至今仍在进行。刚开始，柳德米拉及其同事对狗的驯化史特别感兴趣，但是一直以来，碍于科学、后勤、政治等方面的种种顾虑，他们不得不退而求其次，用赤狐（*Vulpes vulpes*）代替狼，研究它们如何一步步被驯化，以此重现狼被驯化成狗的过程。因此，能有机会近距离接触狼，我的内心是很激动的。

做完演讲后不久，我的东道主库尔特·科特夏尔（Kurt Kotrschal）园长带我参观研究园，园内居住着大约六个狼群，分别栖息于各自的户外围场内。园内的每只狼皆由库尔特及其同事亲手养大，因此每只狼都和他们很熟了。库尔特的研究小组研究了这些神奇生物的许多社群行为——进食、择偶、（与狼和人类的）合作、嬉戏、探索、畏惧、支配、争权，总能从它们身上挖掘到新知识。

这个研究园很大，每个狼群都有独属的领地，用护栏隔绝开来。除了室外设施，园内也有一些室内设施，用于给狼称体重、测量各项身体指标以及开展实验。库尔特一边带领我穿过一扇门，进入其中一个狼群的领地，一边告诉我与狼见面的"标准操作流程"：当一只狼朝我靠近时，我应该缓缓蹲下，不能轻举妄动。此外，库尔特还明确地叮嘱我："和人类之间的眼神交流一样，（你）注视它的眼神要友善，不能凶神恶煞地瞪它。"那句"不能凶神恶煞地瞪它"听上去不太叫人放心，但我相信库尔特对这些动物的了解不亚于任何人，既然他这么说了，那就肯定没错。

一只魁梧年长的公狼朝我们走来，库尔特掏出几块食物喂给它吃。他平时会在兜里备些食物，为的就是应付这种场合。吃完后，那只公狼朝我缓步走来。我谨遵库尔特的教诲，缓缓屈膝跪地。它抬起前爪，短暂地搭在我肩膀上，很快就缩了回去。那是既恐怖又美妙的一瞬间，跪在地上的我心怀敬畏地想："这是一只强大的狼，只要它看上我的小命，随时都能让我一命呜呼。"

我与它之间的力量悬殊，是构成权力的一个要素，也是每个人都心照不宣的一个要素，毕竟"拳头大就是硬道理"。几分钟后，权力以一种更动态、更耐人寻味的方式呈现在我的面前。当我和库尔特从另一个狼群旁边经过时，它们当中的大多数成员正无所事事地消磨时光，懒散地打发一天当中的大部分光阴。它们的日常"画风"向来如此。不过，离我们最近的两只狼却在做其他事，其中一只狼正将另一只可怜的狼压在身下，咬住它的鼻子。我大吃一惊，库尔特察觉到我的不安，告诉我那只处于优势地位的雄狼并非在伤害被它制服的处于从属地位的同类，而是在向它展示"雄威"。它是故意做给从属者看的，同时也有可能是故意做给我俩看的，无声地宣示"我才是这里的老大"。

我们沿着园内的碎石子路往前走，来到另一排被护栏围起来的围场，每个围场内都居住着一群由人类饲养的狗，与前边看到的狼群一样，它们悠然自得地在园内生活着。库尔特团队尽其所能地记录它们的日常生活，在它们身上做各种实验，就像他们对狼群所做的那样。他们希望有朝一日，这里能引进一批狐狸，比如，柳德米拉驯服的那种赤狐，像园内的狼与狗一样，由人工饲养长大。这样的话，园内就"集齐"了三种犬科动物，研究小组可以对比它们的群内权力动态和许多社群行为。

狗的争权法与狼并不相同。就连库尔特也认为，狗群的互动似乎更混乱些，为了争夺头领地位，它们动不动就打架。在极少数情况下，狗群的权力之争甚至会演变成生死决斗。

＊　＊　＊

过去的30年里，我一直在研究社群行为的演化。刚开始念研究生时，我将学位论文的选题缩小至两个方向——要么研究合作行为的进化过程，要么研究支配行为的进化过程。后来，我认识到这并不是两个互斥的课题（所幸为时不晚），但是1988年的我仿佛钻进了牛角尖，非要在这二者之间做出选择不可。于是，我选择了研究动物的合作行为及其进化过程，主要因为当时的动物行为学领域盛行合作与利他行为的学说。就这样，我差点在合作行为的研究上"一条路走到黑"，但是我的内心深处始终渴望了解支配行为的进化过程，这种渴望促使我在围绕合作行为写作学位论文时，顺便做了几个关于支配行为的小项目，并在合作与支配行为研究当中加入关于动物文化传递的研究。随着时间的推移，我逐渐认识到这几个方面的社群行为全都涉及微妙的权衡与决策。和库尔特饲养的那些狼和狗一样，许多动物主要依据两项能力决定应采取何种社群行为，一项是指挥、控制或影响其他个体行为的能力，另一项是控制其他个体获取资源的能力。在本书中，我将这些能力定义为"权力"（power）。对于我而言，这一顿悟不啻于一种精神上的宣泄。通览已有的动物行为学文献，我发现自己并不孤单。今天，在世界各地，非人类权力研究已经上升为一门前沿科学，充斥着精彩纷呈的历险故事，令人热血沸腾。因此，是时候好好讲述这一领域的故事了。

几乎所有动物社群都以权力为核心，或者更确切地说，是对获得和维持权力的向往。动物寻求权力的方法往往很直观明显，偶尔也很微妙含蓄，不仅令人叹为观止，还蕴藏着丰富的知识，为我们提供了一扇观察物种进化的窗户，让我们得以更深入地了解群居动物的行为动态。

在相关章节中，你将会发现动物行为学家、比较心理学家、人类学家及其他科学家已经认识到，权力渗透到了动物社群生活的方方面面：它们以何物为食、于何处进食、在何地居住、与何者协作、与何者交配、繁殖多少后代、篡夺谁的地位等，都与权力密不可分。权力之争有时发生在雄性之间，有时发生在雌性之间，有时发生在雌性与雄性之间。它们大多为同辈之间的博弈，偶尔也有年轻后辈为了夺权"以下犯上"。亲属之间时而针锋相对，时而一致对外，联手篡夺其他个体的权力。

由于权力与利益息息相关，在追逐权力的道路上，许多动物可能会明目张胆地发起攻击，很多时候也会采取更微妙的策略，比如，综合评估潜在对手、偷窥、欺骗、操纵、结盟、建立社会网络。另外，为了理解这些争夺权力的策略是如何演变的，科研人员还建立了一套理论，并通过野外观察和实验室实验，推演和验证他们提出的猜想。可想而知，虽然这些研究大多聚焦于行为本身，但是读者将有机会一窥权力背后的"推手"——荷尔蒙、基因、神经回路。

本书第一章将概述非人类物种的权力都有哪些不可思议的表现形式，第二章将审视推动权力演变的成本与收益。有了前两章建立的基本知识框架，我们将探讨动物在权力斗争中如何评估彼此的实力（第三章），并深入了解非人类动物如何各显其能，将它们从亲身经历中获得的信息运用得淋漓尽致，包括观察其他个体（以及被观察）后获得的情报。有些动物是"情报大师"，善于利用信息结成重要联盟，助自己在权力之争中脱颖而出（第四章至第五章），并巩固得来不易的权力（第六章）。到了第七章，我们将探讨为什么社群动态对某些物种有着极其重要的作用，探讨它是如何发挥这种作用的。最后，我们将在第八章中看到，虽然种群内部的权力结构通常很稳定，但是它们偶尔也会轰然倒塌，重新洗牌，让位于全新的权力结构。此外，每个章节还给出了一些动物的例子。本书提到的动物是最契合该章主题的"科代表"，但是这并不意味着只有它们才能让我们洞悉动物的权力动态。

权力是多维的，也就是说，某些动物案例其实可以跨章节进行讨论。因此，我偶尔会在某个章节中提及其他章节也提到了的物种，如鬣狗、渡鸦、海豚的权力动态，它们的社群中充满无穷的奥秘。更多时候，我尽量不跨章节讨论同一物种，而是依据自身的判断（多少带有主观色彩），看它在哪个章节最能阐明权力，就将它安置在哪个章节。

以上种种皆表明，想要理解非人类动物对权力的追求，我们就要摒弃一个错误的想法，不能认为动物的权力争夺既简单又明显，因为事实并非如此。

没有人比研究动物权力的科学家更清楚这种追求有多微妙复杂。我与本书即将探讨的每个物种背后的研究人员做了大量交流，虽然历史没能给予每个女性科学家应有的认可，认可她们为科学事业做出的贡献，但是至少在本书中，我竭力确保给予她们应有的尊重，确保她们在动物权力方面的杰出研究能够得到应有的关注。我们即将见识到的动物权力研究中，有近40%是由女性科学家领导（或共同领导）的。我还特地纳入了年轻研究人员的成果，当然也不能漏掉更资深的研究人员的成果。

为了创作这本书，我请教了许多科学家，问了一长串问题，有关于科学的，也有关于个人的，他们每个人都很乐于回答，毫不吝啬自己的时间。这些出色的科学家的故事——他们如何走上研究动物权力的道路；他们的日常科研生活；他们一路走来的历程，包括沿途遇到的波折、不期而遇的美好、不请自来的霉运，都为权力研究铺垫了妙趣横生的背景。

　　我们将看到，一名研究人员深夜躺在新西兰海边的鸟粪堆中，连续匍匐数小时，观察企鹅的权力游戏；30多年前，肯尼亚恩戈罗恩戈罗火山口（Ngorongoro Crater）一次无心插柳的度假旅游，意外地促成了一项持续至今的鬣狗权力研究；一次偶然的汽修店之行，让一名科学家豁然开朗，想到了一种天才的实验法，最终得以发现剑尾鱼之间隐秘的偷窥与争权行为；一名儿时十分喜爱加尔各答街头流浪狗的科学家，长大后致力于研究它们在城市生境中的社群行为和权力动态，并写出了该领域迄今为止最详尽的分析报告。

　　权力之争无处不在。每种你能想到的动物，都有追求权力的本能。在鬣狗、缟獴、狐獴、驯鹿、黑猩猩、倭黑猩猩、猕猴、狒狒、海豚、鹿、马、田鼠身上，在渡鸦、云雀、白额蜂虎、普通潜鸟、佛罗里达丛鸦、铜头蝮、黄蜂、蚂蚁、乌贼身上，你都能看到权力的动态。在每个案例中，我们将探讨为什么科学家选择以该物种、该地点验证权力动态的假说，并探讨验证的原因与方法。我们将跟随研究人员的脚步，一同探索澳大利亚的海湾和植物园，刚果、坦桑尼亚、乌干达、巴拿马的森林，加尔各答和南加州的街头，法国南部的草甸，都柏林的公园，密歇根、威斯康星、尼加拉瓜的湖泊，奥地利的山脉，加拿大的冻原，新西兰的海滩，肯尼亚的自然保护区和崖壁，以及更多奇境，洞察非人类动物社群追求权力的原因与方法。

　　"非人类"（nonhuman）是关键词：这本书讲述的可不是人类之间的权力之争。进化人类学家和其他科学家已经写了很多关于人类权力演化的文章。事实上，我们不需要参考人类行为，也能领会权力对动物的意义。从这点上看，本书是对动物社群权力的独赞，赞颂它的深刻、复杂与美妙（在我心目中，它是美妙的）。

目 录
CONTENTS

另附精美动物图，详见第 130 页后

一 ◎ 权力之路

……鬣狗……叫声瘆人，恶臭肮脏，尾随人类的帐篷而徙……

欧内斯特·海明威

《非洲的青山》

　　如果海明威是在暗示鬣狗是一种粗俗、野蛮、愚蠢的野兽，那他可就错了[1]。马赛 ① 牧民给他们牧养的牛都系上铃铛，聪明的斑鬣狗（学名：*Crocuta crocuta*）竟然能够分辨牛铃声与教堂钟声，它们还能依靠视觉和听觉辨认群体（氏族）中的每个成员，联手保卫群体领地，合作狩猎，共同育幼。它们夺取权力的途径也很复杂，而且走上权力之巅的，大多为雌性。更妙的是，在鬣狗社会中，成年雌性鬣狗的氏族地位往往比成年雄性鬣狗高，这使得鬣狗成为哺乳动物中的"异类"[2]。

　　没有谁比凯伊·霍尔坎普（Kay Holekamp）更懂鬣狗身上的奥秘。在加利福尼亚大学伯克利分校攻读博士学位期间，她以内华达山脉

---

　　① 马赛人（Masai）是生活在非洲东部的游牧民族。——译者注

（Sierra Nevada）贝氏地松鼠的行为与扩散为博士研究课题，不曾想过有一天她会偏离这个方向，转而研究起鬣狗来。1976年，她和当时的丈夫决定外出探险，一攒够钱，就动身前往肯尼亚。在参观恩戈罗恩戈罗火山口的旅途中，两人偶遇一群鬣狗，亲眼看见它们追赶猎物，协作围猎一只角马。

　　"它们成功拿下那只角马，在我们车子边上，当着我们的面，活生生将它撕咬成碎片。"霍尔坎普回忆道，"我转过头对里克说，'我以为那些家伙只会躲在暗处啃食腐肉，没想到它们是擅长打配合的猎手。'"回到美国后，她拜读了生态学家汉斯·克鲁克（Hans Kruuk）写的一本关于鬣狗的书，对这种神奇的生物更加痴迷。1988年，霍尔坎普与劳拉·斯梅尔（Laura Smale）一起来到肯尼亚的马赛马拉野生动物保护区（Masai Mara Reserve），实地观察斑鬣狗的行为。此后的30多年里，她们的队伍不断壮大，吸引了来自世界各地的100多名学生和合作研究者[3]。

*

　　霍尔坎普在海拔1500米的马赛马拉扎营，并用斯瓦希里语 ① 里的Fisi（鬣狗）为营地命名。营地内有帐篷、桌子，还有用于冷冻血液的液氮罐。营地四周是绵延不绝的草原，草原上生活着瞪羚、狮子、豹、转角牛羚，还有逐水草而居的斑马、角马。鬣狗营地是霍尔坎普的第二个家。在那里，她与团队共同研究鬣狗的社群动态，努力解开这种社会性极强

---

　　①　肯尼亚当地的通用语言。——译者注

的奇特生物的奥秘。鬣狗群以氏族（clan）为单位，一个族群的规模大
多为50只，但有一个族群是例外，该族群有约130个成员，它就是西塔
莱克（Talek West）氏族。雌性鬣狗在集体巢穴中哺育幼崽，这些巢穴
通常是土豚遗弃的洞穴，结构错综复杂，堪称地下迷宫。不同巢穴之间
的成年鬣狗偶尔会爆发一些小冲突，"戴夫""幸运豹""神秘"①三个鬣狗
穴之间就曾爆发骚动，并有过几次交锋。

　　霍尔坎普团队能够凭借花纹辨认出每只鬣狗。只要是有助于了解鬣
狗的信息，他们都不会放过。有时，他们会给鬣狗注射一种叫"舒泰"
（Telazol）的麻醉剂。在成功麻醉它们后，测量其身高、体重，采集肛
门拭子，抽取含有丰富激素信息的血样，分析其激素水平。他们还给许
多体重45~68千克、肩高约0.9米的成年鬣狗戴上无线电项圈，监测它们
的GPS坐标，这样就能持续跟踪它们的位置，记录它们与其他成员之间
的距离。

　　除了采集GPS坐标数据，霍尔坎普团队还经常开着路虎四处奔波，
实地跟踪观察鬣狗，记述它们每时每刻的互动。他们的数据库涵盖了数
千项鬣狗权力行为的详细观察，其中包括"双耳后贴"（从属者被优势者
威吓时表现出的顺从姿态）、"龇牙咧嘴"（朝另一只鬣狗张嘴露牙，以吓
阻对手的攻击行为）、"居高临下"（优势者昂首挺胸，口鼻向下，前肢搭
在从属者肩膀上，以此巩固它在族群中的等级）。回到学术基地（密歇根
州立大学）之后，霍尔坎普研制了一只机器鬣狗。这只机器鬣狗与真正
的鬣狗一样大，内置摄像头和录音器，能够模仿鬣狗的许多动作，包括
耳朵后贴、龇牙咧嘴、抬头、低头等。这只机器鬣狗是一个不错的话题

---

　　① 霍尔坎普博士为鬣狗巢穴取的名字。——译者注

引子，但是霍尔坎普至今仍在思索如何将它带去非洲应用于实验，让它混入鬣狗族群内部，操纵它们的权力互动。霍尔坎普和团队已经知道，当一只鬣狗爬上权力的顶端时，随之而来的利益是巨大的，这在雌性鬣狗身上表现得尤为突出，因为它们比雄性鬣狗地位高。霍尔坎普他们想知道的是，为什么雌性鬣狗通常比雄性鬣狗更具优势。后来，他们发现这是因为雌性鬣狗的下颌奇强无比，能够轻松咬碎骨头。

鬣狗的下颌强劲有力，你绝不想被它咬住。它的头骨、下颌、牙齿合起来，能够咬碎斑马和长颈鹿的骨头。在鬣狗进食的动物尸体中，有95%是现捕的鲜肉，而非捡来的腐肉。肉在草原上是"香饽饽"，竞争十分激烈。因此，鬣狗在享用猎物时，几分钟内就能将最美味的部位吃干抹净。

鬣狗幼崽的头骨和下颌需要长时间的发育，才能强大到咬碎直径超过3英寸（约7.6厘米）的骨头。在那之前，它们十分依赖母亲。雌性鬣狗凭一己之力抚养幼崽，由于幼崽的哺乳期比其他近缘物种都要长，雌性鬣狗往往承受着巨大的自然选择压力，迫使它们进化出能够咬碎新鲜尸骨的下颌。有了咬合力极强的下颌，成年雌性鬣狗能在进食的同时，迅速咬下几块肉分给小鬣狗吃。小鬣狗长到大约3个月时，就会跟着母亲一起进食，享受进食优先权。除了育幼所需，强大的下颌也是鬣狗争权夺势的有力武器，而这也是雌性鬣狗比雄性鬣狗地位高的原因之一[4]。

高等级雌性鬣狗生下的女儿，往往也会站上氏族中的权力高地。另外，整个族群中最强大的雌性鬣狗，即爬到最高优势等级的雌性鬣狗，将获得最宝贵的进化利益：更长的成功繁殖年限。马赛马拉的塔莱克（Talek）地区生活着一个鬣狗族群。霍尔坎普跟踪研究了该族群7年，不仅记录了该族群内部的社会等级，还收集了族群内14个家庭数十只雌性鬣狗的数据，搭建了一个庞大的数据库，包含产崽数、产崽间隔时间、幼崽断乳年龄、幼崽活至生殖年龄的概率等信息[5]。

高等级雌性鬣狗比低等级雌性鬣狗更早开始生育后代，因而生殖年限延长了10%。雌性鬣狗地位越高，生殖就越频繁（两胎之间的间隔越短），其后代活到生殖年龄的可能性也越大。如此一来，它的血脉将一代一代地传下去，在族群中建立起统治"王朝"，这便是登上权力之巅的回报。

*

通往权力的道路有许多，鬣狗走的只是其中一条，北象海豹走的则是另一条——雄性北象海豹为争夺交配权陷入漫长的殊死搏斗，直到决出最后的王者为止，雌性北象海豹则坐视雄性北象海豹为自己大打出手。乌贼争夺权力的手段略为狡猾，它们会改变皮肤的纹理和颜色，使用骗术来迷惑对手。在紧要关头，它们会果断发动攻击，绝不含糊。说到狡猾，剑尾鱼更胜一筹，它们会暗中观察潜在对手。

在初步探讨了北象海豹、乌贼及剑尾鱼角逐权力巅峰的方法后，我们将汇集世界各地的科研成果，借鉴动物行为学、进化学、经济学、心理学、人类学、遗传学、内分泌学（研究荷尔蒙的医学分支）、神经生物学的前沿研究，以更好地了解动物社会的权力结构。同时，我们将深入探索动物如何在争夺权力的道路上步步为营，策略性地权衡争权行为的得失利弊，评估对手实力，暗中观察对手，为提升地位拉帮结派（甚至结成超级联盟），巩固到手的权力，在群体中经营权力，在权力旋涡中进退沉浮。在每个权力案例中，我们不仅能欣赏到科学的奥妙，还能窥见科学家研究动物权力更迭时的幕后趣闻，以及他们的日常生活剪影。

*

专门研究北象海豹（学名：*Mirounga angustirostris*）的卡罗琳·凯西（Caroline Casey）喜欢将这些大家伙的社群生活称为"一部现实版的肥皂剧"。相关数据表明，这一说法绝不夸张——北象海豹幼崽活到1周岁的概率只有35%左右，活到4岁的概率更是低至16%左右。雄性北象海豹的命途则更坎坷，即使能幸运地活到6岁左右，也不代表它就是"豹生赢家"。每到繁殖季节，为了争取交配的机会，它必须与其他雄性北象海豹展开无休止的竞争，而且失败的概率很高，毕竟95%的雄性北象海豹活到10岁仍苦无子嗣。虽说机会渺茫，但如果某只雄性北象海豹脱颖而出，成为数不多的优势个体之一，那么随之而来的将是羡煞众豹的繁殖奖赏。[6]

凯西与伯尼·勒贝夫（Burney Le Boeuf）共同研究北象海豹，后者从1967年便开始研究这种生物，对它们的权力动态钻研了许多年。早在一开始他就发现，他在野外观察到的北象海豹行为与他从文献中读到的完全不一样。那个年代的研究大多在实验室中进行，让两只北象海豹互相对抗，以此来研究它们之间的权力动态。如果这种一对一"对抗赛"涉及足够多的个体，研究人员有时还会采用数学建模法，建立一个理论性的群体优势等级。然而，当勒贝夫去野外观察北象海豹时，他看到的是一个自然形成的优势等级。于是，他转身投入北象海豹的野外观察。时光如白驹过隙，一转眼50多年过去了，他仍在研究北象海豹的权力动态。

从美国加利福尼亚州（以下简称"加州"）的圣克鲁兹县（Santa

Cruz）出发，沿着高速公路往北走，就能到达阿诺努耶佛州立公园（Año Nuevo State Park）。那里的海滩上栖息着成群的北象海豹，它们正是勒贝夫及其同事和学生过去50年里研究的对象。在该地开展科研的前几年，北象海豹并非栖息在陆地这边的海滩上，而是栖息在公园内的一座小岛上。每次想去岛上观察它们，勒贝夫都得协调船只，这几乎成了他每天必做的后勤任务，让人不胜其烦。后来，他终于解脱了。20世纪70年代中期，随着岛屿面积越变越小，北象海豹种群越来越大，大批北象海豹迁移到公园的陆地上，在毗邻沙丘的绵长海滩上形成了新的群落。海岸沙丘的存在，使得沼泽湿地更多，海岸植被更丰富，为北象海豹提供了一个得天独厚的栖息地。这对勒贝夫而言也是好事一桩，因为他从学校出发只要25分钟就能抵达那片海滩。[7]

北象海豹通常会在大海中生活数月，潜入海面以下数千英尺的地方，捕食银鲛、狗鲨、鳗鱼、岩鱼、鱿鱼，然后养精蓄锐，储备能量，因为一旦上了岸，在沙丘上的逗留期间，它们将不再进食。对于一年365天该怎么过，雄性北象海豹与雌性北象海豹有不同的安排。雌性北象海豹一般重约1500磅（680千克），身长约10英尺（3米）。每年春天，它们会爬上阿诺努耶佛的海岸，在沙滩上逗留一个月，蜕去身上的毛发和表皮。雄性北象海豹也要为蜕皮上岸一个月，只不过它们选择在夏天这么做。在蜕皮期间，北象海豹们并排躺在海岸上，沐浴着阳光，和平共处，相安无事，看上去不像渴望权力的角斗士，更像温顺无害的大玩偶。身为13英尺（约4米）长、4000磅（约1814千克）重的巨兽，它们这一刻的表现已经够温顺了。

12月标志着繁殖季节的开始，原本温顺的巨兽突然暴躁起来，开始了权力的争夺战。在雌性北象海豹到来的2~3周前，雄性北象海豹率先上岸，抢占阿诺努耶佛的沙丘。约150头雄性北象海豹涌上海滩，肚皮贴着陆地匍匐前进，象鼻状的鼻子晃来晃去，为争夺地位加入群雄混战。两雄相争的第一阶段是仪式化的威胁展示：挺胸直立，鼓起鼻腔，发出响亮的叫声。每只雄性北象海豹各有各的音色和节奏，因此每个个体的叫声都是独特的。在吼叫的同时，它们还会用身躯猛撞地面，阵仗之大被勒贝夫形容成好似有一辆卡车驶过："仿佛地球也被吓得微微一颤。"不过，这些叫声其实不携带任何信息，比如，叫声主人的体形有多大或"武力值"有多高。假如它们能够反映个体的体形或相关信息，那么其他雄性北象海豹在听到不同的叫声时，应该会有不同的反应才对。但是，凯西曾录下某个群体中体形较大和较小的雄性北象海豹个体的叫声，并将这些声音播放给另一群雄性北象海豹听，结果发现它们并没有据此做出不同的反应。因此，雄性北象海豹并非靠叫声来传递体形信息，而是靠大脑记住了与自己交过手的个体的叫声，这些叫声就像一种"标签"，一种与竞争对手的实际行为相关联的"名字"。[8]

75%的雄性北象海豹对抗会在仪式化展示阶段分出胜负，以其中一方灰溜溜地爬走告终，这一对雄性北象海豹之间的地位高低也就此成为定局。如果胜负未决，双方将一边嘶吼，一边猛冲到对方跟前，用身子狠狠地撞击地面，捧起地上的沙土，朝对方脸上甩去。到了这个阶段，如果双方仍胜负难分（只有10%的对抗会如此胶着），它们将发起狠来，猛咬对手，咬得对方鲜血淋漓。最后，总有一方会败下阵来，悻悻离去。获胜的个体将继续物色下一个假想敌，发起新一轮的对抗，同样的剧情将反复上演2~3周。到了雌性北象海豹陆续上岸时，雄性北象海豹之间的等级排位大体上也尘埃落定了。

雌性北象海豹的妊娠期约为8个半月，但是它们的受精卵其实延迟了

3个半月才植到子宫壁上，因此它们从受孕到分娩其实花了整整1年的时间。每年12月中下旬，雌性北象海豹开始爬上岸，在沙丘上逗留4~6周。刚上岸的前几天，它们将产下一只幼崽，这是前一年交配的产物。在阿诺努耶佛州，雌性北象海豹往往扎堆躺在沙丘上。勒贝夫说，如果它们单独行动，就会不断受到异性的骚扰，无法哺育幼崽至断乳。因此，最占优势地位的雄性北象海豹个体，在雌性北象海豹到来之前便已打败群雄的胜者，将各自守着一群"妻妾"，不让其他异性来骚扰它们。

一旦某个雌性北象海豹产完幼崽，结束哺乳，准备再次交配（通常在上岸3~4周后），该"妻妾群"的守卫者就会使出浑身解数，确保只有自己能与它交配，直到它返回大海为止。一片海滩可能栖息着10个或更多的"妻妾群"，每个"妻妾群"由数十只雌性北象海豹组成。因此，成为坐拥一群"妻妾"的顶级雄性北象海豹，将获得巨大的繁衍利益。

到了北象海豹交配的高峰期，也就是每年1月下旬，阿诺努耶佛州海岸将呈现一派壮观的景象。大多数雌性北象海豹虽比雄性北象海豹晚到几周，但是从12月中旬至第二年1月初，一直都有新的雌性北象海豹陆续爬上岸。在这期间，不管任何时刻，你都能在海滩上找到各种状态的雌性北象海豹：有的刚受孕；有的已生产完，正在哺乳幼崽（这些小家伙每天能长4.5千克）；有的已断乳，又可以交配了。许多雄性北象海豹既不占优势，又不妻妾成群，只能锲而不舍地钻空子，尝试潜入某个"妻妾群"里，向处于发情期的异性求爱。有时，"妻妾群"的守卫者会大吼大叫，喝止妄想窃取其交配权的"宵小"。如果对方认得它的声音，就会被这声音"劝退"。如果对方不曾与它交过手，那么一场近身肉搏恐怕是免不了的。即使到了繁殖季节的末期，也依然偶尔有不速之客爬上岸来，仿佛老天爷嫌这里还不够乱，特意派它们来添乱。这时，为了建立在这片滩头的地位，初来乍到的"后起之秀"将与久居此地的"地头蛇"展开一系列搏斗。

在骚乱与纷争中，胜者为王的自然法则逐渐显露出来。4只最具优势地位的雄性北象海豹将独占最大的"妻妾群"，垄断这片海滩80%~90%的交配权[9]。这个百分比看上去很惊人，但是数字绝对更惊人：一只顶级雄性北象海豹守卫的"妻妾"可以高达100只。勒贝夫总是津津有味地讲述一只雄性北象海豹连续4年蝉联"滩主"地位的故事，这是十分罕见的事，毕竟想要常年维持群雄之首的地位，就得付出巨大的精力。他估计这只雄性北象海豹总共与250只雌性北象海豹交配过。

在研究北象海豹时，无论是看百分比，还是看精确数字，研究人员都会得出同一个假设：交配越多，受精成功率就越高。在大多数物种身上，这一假设都能得到验证，至少理论上是可以被验证的，只要对一个种群做分子遗传学检测，将亲子鉴定的结果与实地观察的结果相结合，就能验证这一假设是否成立。问题是，在19世纪中后期，为了攫取北象海豹身上的皮下脂肪①，人类乱捕滥杀，导致北象海豹数量锐减，最后可能仅残存几十头，一度濒临灭绝。目前，北象海豹已解除濒危状态，种群规模基本得到恢复，但是由于该种群曾经历过"遗传瓶颈"②，它们的遗传多样性太低，低到无法用基因检测的手段进行亲子鉴定。因此，勒贝夫及其同事无从证明交配更多的雄性北象海豹是否留下了更多的后代，但是他们始终认为这个可能性很大[10]。

----

① 北象海豹体形庞大，皮下脂肪肥厚，曾遭乱捕滥杀，用于炼油。——译者注

② 指一个种群在某一时期由于环境灾害或人为过捕等导致种群数量急剧下降，种群基因多样性大大降低，遗传变异性的来源也大幅减少。——译者注

当雄性北象海豹为了交配权大打出手时，雌性北象海豹可不是逆来顺受的"小媳妇"。如果一个"妻妾群"很大，那么占优势地位的雄性北象海豹再怎么严防死守，也不可能拦得住所有入侵者。当某个入侵者成功接近一个"妻妾群"时，它会趁其配偶还没发现，赶紧找一只雌性北象海豹（通常不止一只）交配，速战速决。通常情况下，雌性北象海豹不太情愿与低等级的雄性北象海豹交配，它们会非常清楚地向入侵者表明态度。更重要的是，雌性北象海豹会向守卫者通风报信。入侵者会咬住雌性北象海豹的脖子，并用肥厚的身子按住它，这是雄性北象海豹交配时的典型招式。雌性北象海豹会来回摆动臀部，努力甩开对方，并用鳍状肢奋力扒沙子，朝"登徒子"脸上甩去，同时发出刺耳的"呱呱"声，勒贝夫将这解读为："向附近的所有北象海豹告状——有一只母的被'霸王硬上弓'啦！"入侵者的权力等级越低，雌性北象海豹就越有可能发出这种叫声。一接到"警报"，优势雄性北象海豹将火速赶来，推开压在雌性北象海豹身上的入侵者，将它赶出自己的地盘。然后，优势雄性北象海豹通常会折返回去，爬到被自己解救的雌性北象海豹背上，亲自履行交配权。[11]

那么，那些无权无势、地位低下的雄性个体（占海滩上雄性北象海豹的绝大多数）的交配成功率有多高呢？如果所有试图混入"妻妾群"的行动注定要失败，因为优势雄性北象海豹防守很严密，就算神不知鬼不觉地混进去了，也会被雌性北象海豹不留情面地告发，那么它们还有别的方法传宗接代吗？答案是：有，不过只有一个。雌性个体与优势雄性个体交配完后，必须离开它所属的"妻妾群"，回到3~50米远的大海里。这一路上，许多低等级雄性个体前赴后继，最多可达20只，每只都想跟它交配。勒贝夫说："一只雌性北象海豹必须突破各路雄性北象海豹的层层夹击，才能到达海边，回到大海里觅食。"在被优势雄性北象海豹授精后，雌性北象海豹仍然可以与其他异性交配，但它显然极力避免这么做，因为它会选择最直接的路线，并在涨潮时上路，那时离海水的距离是最短的。但这通常无法甩掉所有雄性北象海豹，总有一两只会贴上来，试图与它交配。那时，它已经在阿诺努耶佛的海滩上靠自身脂肪生活了1个月，其间还分娩和哺育幼崽，体重减少了40%，基本无力反抗求偶心切的雄性北象海豹。勒贝夫指出："它这时的处境很危险。"在交配时，雄性北象海豹会咬住雌性北象海豹的脖子，如果雌性北象海豹挣扎得太猛烈，雄性北象海豹可能会不小心咬破它的后大静脉，即沿着脊椎行走的大静脉。一旦发生这种意外，勒贝夫说："它就会当场死亡。"因此，在爬回大海的路途中，如果有雄性北象海豹过来求偶，雌性北象海豹通常不会抵死不从，而是会服从其中一只雄性北象海豹。由于无法借助基因检测确认亲子关系，科学家也就无从得知这一交配途径的受精成功率有多高了。[12]

一旦雌性北象海豹全回海里去了，雄性北象海豹很快也会上路，留下断乳的幼崽，在沙滩上自力更生，一个月后，独自爬回大海。第二年12月，同样的剧情将在这里再次上演，包括群雄之间的权力大戏也会回归，赤裸裸地在滩头上铺展开来。

想要见识含蓄的权力斗争，我们可以去澳大利亚南部海岸的怀阿拉（Whyalla），那里有18.5万个"伪装大师"也在为权力而战。

*

影视制作人经常向罗杰·汉隆（Roger Hanlon）抛去橄榄枝，希望能够播放他在怀阿拉湾（Whyalla Bay）拍摄的水下世界。怀阿拉位于阿德莱德（Adelaide）东北面，两地相距约250千米。刚坐下来观看他拍摄的视频时，你只会看到一片平淡无奇的海底，其中遍布着海草、泥沙以及毫不起眼的岩石。你可能会纳闷："这有什么好看的？"直到看到一块2英尺（约67厘米）长的"岩石"突然动起来，一边喷墨汁，一边讯速溜走时，你才恍然大悟：原来汉隆研究了20多年的伞膜乌贼（学名：*Sepia Apama*，别称：澳大利亚巨型乌贼）是伪装大师，可以瞬间改变外形！

汉隆的团队发现，伞膜乌贼有许多"伪装服"，它们还会根据环境对每种伪装进行细微的调整，好让自己更完美地与环境背景融为一体。如果它们所处的环境背景由单色（如深灰色）岩石构成，它们就会将肤色变成相同的均匀平滑的色彩（单色伪装）。不过，它们更常换上斑驳的色彩（杂色伪装），体表遍布或明或暗的小斑点，假扮成海底的小岩石，这是因为海底的岩石大多呈灰色，偶尔有深色的斑块点缀其间，那是深色藻类依附形成的色块。有时，它们也会反其道而行，换上明暗相间的大条纹（间断式伪装），从视觉上打破身体的整体感，任谁也看不出来这些条纹组合起来，原来是一只庞大可畏的伞膜乌贼。

伞膜乌贼拥有丰富多彩的伪装花样，它们的"变装"速度更是快到令人惊叹：它们能够在一两秒内完成变装，无缝融入周围的环境。乌贼的夜视能力通常很好，它们的天敌也是。汉隆在一台小型摇控车上安装了摄像头和红滤镜，靠这辆遥控车在近乎全黑的海底（人眼看来近乎全黑，在乌贼及其天敌眼中却是另一番景象）录下了伞膜乌贼表演伪装魔术的过程[13]。

包括章鱼、鱿鱼、乌贼在内的头足纲（Cephalopods）动物是如何做到迅速伪装的，这方面仍有许多谜团等待科学家去解开。目前已知的是，它们的表皮中含有许多色素细胞（chromatophore），该细胞中的色素颗粒能够改变体表颜色和图案。其他动物的色素细胞受激素支配，头足纲动物的色素细胞却不走寻常路，它们是由肌肉驱动的色素囊，而色素囊四周的肌肉则由大脑中的不同脑叶控制（主要是与视觉相关的脑叶），这使得色素细胞成为头足纲动物神经肌肉系统的一部分。当大脑发出信号，刺激色素细胞周围的肌纤维时，肌纤维收缩，牵拉色素细胞，使其扩展变大；肌纤维舒张，色素细胞收缩变小。通过扩展或收缩色素细胞，头足纲动物不仅能够改变身体的颜色，还能改变身体的纹理（图案）。通过研究头足纲动物的行为，汉隆和其他学者发现，大脑信号对色素细胞活动的引导涉及环境信息整合，包括背景图案、亮度、对比度、极性、色深、物体三维属性。

目前，科学家仍在探索头足纲动物的大脑是如何处理这些环境信息，并将处理结果传递给色素细胞周围的肌纤维，从而达到伪装的目的的[14]。无论具体的机制是什么，头足纲动物演化出伪装的技能，一开始也许是为了隐藏自己，不被海豹、海豚及其他捕食者发现。一旦掌握了一门技能，动物就会将它发扬光大，用于攻击、争权及其他用途。

自20世纪90年代末以来，汉隆在怀阿拉湾拍摄了数百小时的伞膜乌贼的生活。每年，生活在斯宾塞湾（Spencer Gulf）的18.5万只伞膜乌贼都会集聚到沿岸浅水，沿着4~6千米长的海岸线散落开来，在5~20英尺（1.7~6.7米）深的海域交配。在这场盛大的伞膜乌贼集会中，雌性乌贼可能会连续交配17次，每天产卵5~40粒，即使汉隆在旁窥探，它们也毫不介意。"你完全不需要给它们时间去适应（你的存在），"汉隆强调道，"即使这些动物是来这里产卵的。你只要慢慢靠近它们，屈膝跪下来，便可以开始拍摄……真是不可思议！你就像一颗石头，一动不动地观赏一切。"

每只雌性乌贼身边都跟着一只雄性乌贼，被汉隆称为"陪护者"（consort），它们是保卫这片产卵地的核心力量。雌性乌贼通常会游入随波摇曳的海底密林中，寻一块桌子大小的礁石，在石头底下产卵，它那高大威猛的陪护者则寸步不离地守着它。"雌性乌贼身旁大多有一个陪护者，"汉隆指出，"你偶尔会在某处看到一对乌贼夫妇不受打扰地产卵，但是你更常看到的景象是一只雌性乌贼伏在一个小坑里，另一只体形几乎是它两倍大的陪护者警惕地悬浮在它上方。"在伞膜乌贼这一群体中，雄性伞膜乌贼数量远高于雌性伞膜乌贼数量，因此到处都有企图"挖墙脚"的雄乌贼。与北象海豹一样，雄性伞膜乌贼在守护雌性伞膜乌贼时也要时刻保持警觉，不让其他异性有机可乘。不同的是，来犯的雄性乌贼可"贼"多了，它们有两种出其不意的入侵招数。[15]

雌性乌贼身边随处可见个头较小的雄性乌贼，鬼鬼祟祟，探头探脑。正如汉隆所言："将目光投向任何一对乌贼夫妇，你都能看到四或五只'小个子'徘徊在它们周围，采取不同的'潜伏'战术，轮番上阵，好不热闹……一只'潜伏者'游了过来，企图贴近雌性乌贼，被陪护者给赶跑了。另一只'潜伏者'又贴了上来，陪护者连忙转身去驱赶它，忙得团团转。"一旦被陪护者发现，并看到对方朝自己游过来，个头较小的雄性乌贼就会"拔腿就跑"。不过，也有一小群"机灵鬼"另辟蹊径，通过"男扮女装"的方式机智地绕过大个子的防线。伞膜乌贼能够随心所欲地变换肤色和纹理，只要换上雌性乌贼身上常见的杂色图案，雄性乌贼就能伪装成雌性乌贼。但是，雄性乌贼有四条腕（足），雌性乌贼只有三条，这个破绽过于明显，为了不被看穿，小只的雄性乌贼会缩起第四条腕，只露出三条在外面，摆出雌性乌贼产卵时的姿势，从大个子眼皮底下溜过去。汉隆津津有味地观看它们模仿的实况，并拍下了珍贵的影像。DNA 分析结果表明，这些小个子不仅骗过了陪护者的"法眼"，还在对方的严防死守下"偷情"成功——在雌性乌贼产下的卵中，有些就是它们的后代。光靠智慧是可以战胜蛮力的！[16]

当陪护者面对的是旗鼓相当的对手时，汉隆将这些对手称为"单身大型雄性乌贼"（lone large male），场面可就大不一样了。大型雄性乌贼会使出小型雄性乌贼不会的招数，来挑战雌性乌贼的陪护者。由于它们与陪护者一样高大威猛，陪护者光靠威吓，如用眼神传递"我看见你了"的信号，通常是无法逼退单身大型雄性乌贼的。不过，多亏了这些单身的大个子"脸皮够厚"，汉隆才有机会录下它们单挑陪护者的画面。"它们会二话不说，立马冲上去搏斗，"汉隆说，"这时你就可以开拍了。"通过分析录到的内容，并与悉尼麦考瑞大学的亚历山德拉·施奈尔（Alexandra Schnell）在实验室里开展后续研究，他们发现当两只大型雄性伞膜乌贼狭路相逢时，它们的对抗通常会持续30秒至20分钟不等，其中涉及变色、变形、示威、攻击等能力的较量，且往往分阶段进行，战况逐步升级，每一阶段双方都将重新评估对手的实力。

竞争第一阶段通常以"正面姿态"开始，其中一只雄性乌贼面朝对手收起外套膜，缓慢地来回摆动白色的腕足。对手通常会以同样的动作回敬它，偶尔也有对手止步于此。如果谁也不肯退缩，它们就会进入第二阶段的对抗，该阶段将用到"侧身姿态"和"铲子手姿态"的招数。在"侧身姿态"中，雄性乌贼将腕足和躯干朝身体两侧展开，第四足也舒展开来，身上出现流云状的图案。为了制造这种图案，雄性乌贼要扩张和收缩色素细胞，增强色彩对比度，产生"流云似波"的效果，仿佛身上披着变幻起伏、明暗相间的条纹。这时，对手通常也会使出自己的

"侧身姿态"招数，偶尔也有对手知难而退。"铲子手姿态"与"侧身姿态"差不多，只不过外套膜变成了容易辨识的单色，腕足摆成铲子的形状。

如果连"铲子手姿态"都无法吓阻对手，接下来就该使出"侧身推搡"这一招了，或者更粗暴的"正面推搡"，竞争也随之进入第三阶段，两只雄性乌贼侧身推搡对方，直至其中一方认输退出为止。每经历一个阶段，雄性乌贼都能从中获取更多情报，估量自己与对手在体形、动机、实力方面的差距。在极少数情况下，双方斗到第三阶段仍胜负难分，这下只能来狠的了。大战一触即发，如汉隆所述，"双方扭动翻转身躯，跳到对手身上，互相撕咬，墨汁四溅"。两雄相争至这一步，最后必有一方落败，黯然离去。[17]

无论身处哪个阶段，如果两只雄性乌贼在各方面都势均力敌，体形上也一样大，那么退出竞争的通常是入侵者，陪护者将保住它既有的权力。当然，它们不可能各个方面都不相上下。如果入侵者比陪护者大得多，那么它极有可能战胜陪护者，取代它的位置，成为新一任"护花使者"。除了体形之外，它们在其他方面也可能存在差距，只是不那么直观。汉隆、施奈尔及其他同事仔细观察雄性乌贼争斗的微观细节，发现在用眼睛"比武"的时候，60% 的个体倾向于瞪大左眼，25% 的个体倾向于瞪大右眼，另有约15% 的个体没有表现出任何偏好。虽然喜欢用左眼的个体更可能推动对抗升级，但是喜欢用右眼的个体更可能胜出。没想到伞膜乌贼争起权来这么"卷"！

*

想夺得权力，并不一定总要硬碰硬，有时只需偷窥对手就够了，剑尾鱼（学名：*Xiphophorus helleri*）就是这么做的。这种鱼的脑容量比针头大不了多少。尽管如此，1997年，当瑞恩·厄利（Ryan Earley）加入我的实验室，开始他的博士研究生涯时，他并不打算因为剑尾鱼脑容量小，就放弃研究它们的权力动态。而且，他有充分的理由坚持下去。在雪城大学（Syracuse University）攻读本科学位期间，厄利曾参与几个关于动物行为学研究项目，为此阅读了许多参考文献，从中得知该学科已有大量关于剑尾鱼的优势等级、攻击性及权力的基础研究。

到了厄利开始读研的那一年，动物行为学家已经在实验室里对着雄性剑尾鱼的攻击行为研究了近30年。在这类鱼的权力斗争中，体形向来是关键。一般情况下，如果一条雄性鱼比对手大10%以上，它就能争赢对方。一些研究通过测量驱使雄性鱼争夺权力的激素，发现雄性激素（如睾酮）基线水平更高的雄性鱼比基线水平更低的雄性鱼更常攻击和啃咬对手。

将两条长约2.5英寸（8.3厘米）的雄性剑尾鱼放入同一个鱼缸中，你会看到它们竖起背鳍，在鱼缸中互相追逐。接下来，它们开始互相撕咬，伴随着侧身展示的动作，将身体扭成"S"形。在这之后，每条雄性鱼挺直腰背，用鱼体互撞，鱼尾互拍。如果这都分不出胜负来，那么它们将围着彼此迅速地转圈圈，下颌互锁，用鱼嘴推抵，直至一方明显占上风才罢休。赢的一方（优势者）将在鱼缸中大摇大摆地游来游去，偶尔追着"手下败将"跑，以此巩固它的权力地位。输的一方（从属者）通常会收起背鳍，对优势者退避三舍，在角落里或鱼缸底部游荡。[18]

迪尔克·弗兰克（Dierk Franck）主导了许多早期的剑尾鱼实验。20世纪90年代初，他去了墨西哥韦拉克鲁斯州（Veracruz）的卡特马科湖（Lake Catemaco），想看看实验室里的对照研究是否能反映出自然环境中的权力之争。他去了湖边多处溪流，在溪岸上坐了3周，用一只7×20单筒望远镜①观察溪中的剑尾鱼群。它们游弋于约1英尺（0.3米）深的溪水中，每个群体中有8~10条雄性鱼。经过一段时间的练习，他能够通过体形、颜色、剑尾长度区分每一条雄性鱼。后来，他还根据自己观察到的攻击和退缩行为，将一个鱼群中的雄性剑尾鱼分为三等：优势者（追赶多过退却）、中等级者（追赶与退却的次数不相上下）、从属者（退却多过追赶）[19]。

　　虽然弗兰克没能在卡特马科湖的溪流中看到他在实验室中观察到的极具攻击性的嘴对嘴打架的情景，但是那里的剑尾鱼表现出了特定的攻击行为顺序，这与在动物行为学文献中举足轻重的对照研究所发现的顺序是一样的。令弗兰克团队倍感欣慰的是，这次野外观察证明，实验室里看到的剑尾鱼攻击行为并非假象。这对厄利而言也是一颗"定心丸"，因为他从一开始就想要研究剑尾鱼之间更微妙的权力动态，而这只能在实验室环境中完成。"光是盯着它们看，你就能清楚地感觉到，它们之间存在权力的明争暗斗，每条雄性鱼都想爬上权力之巅，"厄利说，"真正令我感兴趣的是'你该怎么爬上去'，还有'如果爬上去了，你该如何守住首领地位'。"

　　首先，厄利将目光投向了一个相对较少人研究的权力动态问题。与许多动物一样，剑尾鱼的社群中存在动物行为学家所称的"线性优势等级"（linear hierarchy），排在第一位的个体（甲鱼）支配该等级结构中的所有剑尾鱼，排在第二位的个体（乙鱼）支配除甲鱼以外的其他成员，以此类推。在短期内，这种等级结构是稳定的。从中期来看，一个鱼群

---

　　① "7×20"指放大倍数为7倍，物镜口径为20毫米。——译者注

可能解体，也可能与其他鱼群合并。在这种情况下，权力是如何重新分配的？研究人员对此知之甚少。因此，厄利决定做一个实验，将两个早已建立优势等级的鱼群合并，观察权力如何在大鱼群的磨合过程中实现转移（或转移失败）。[20]

为了让实验尽可能易于操作，最先参与实验的两个鱼群各由三条雄性鱼组成，分别生活在两个独立的小鱼缸中，鱼缸前立着一块隔板，板子上留了一条缝，厄利可以坐在隔板后面，透过缝隙观察每组雄性鱼。他把笔记本搁在腿上，先观察一条鱼15分钟，在本子上写下它的每个举动，包括其他鱼和它的互动。每次它竖立背鳍、张嘴啃咬、侧身威吓、拍打尾巴，每次它与其他雄性鱼嘴对嘴打架（不管是它战败退缩，还是对手战败退缩），都会被厄利一一记录下来。然后，他会以同样的方法轮流观察小组里的其他成员，一遍又一遍地循环，日复一日地重复，直到群体中出现明确的优势等级为止。接下来，厄利将这两个已经建立优势等级的鱼群放入同一个鱼缸里，让它们合二为一，这个等级然后重复同样的观察流程，直到这个大鱼群形成稳定的优势等级为止。这个等级通常四天内就会形成。

经过四百多个小时的鱼群合并前后的观察，厄利很清楚地看到：当雄性剑尾鱼群合并时，两个群体之间的权力将平稳过渡，无缝衔接。当两个各由三条雄性鱼组成的鱼群合并成一个拥有六条雄性鱼的大鱼群时，原鱼群中的优势者基本上总是稳居新鱼群的前两强，排位居中和靠后的雄性鱼也会遵循类似的规律。厄利说，黑色隔板后面是一块"催生灵感的宝地"，"因为你得寸步不离地守在那儿，盯着那些鱼儿看。那里只有你和鱼……有一天，我脑海里突然灵光一现。这些鱼并不是只会在水中无意识地游来游去的机器……重点是谁在偷窥谁，它们在社群中传递什么信息"。在他看来，这些雄鱼似乎在暗中观察彼此。想验证这个猜想，就得进行一项新实验。

这个灵机一动的想法，即剑尾鱼是窃听同类的"水中间谍"，将厄利带入了一个相对未知的领域。一只动物旁观其他个体的攻击性互动，并根据所见所闻修正自身对偷窥对象战斗力的评估结果，这一过程就叫"窃听者效应"（eavesdropper effect），也叫"旁观者效应"。这些信息是现成的，得来全不费工夫，关键是你得有足够的智慧去分析它们。在厄利研究剑尾鱼的那个年代，动物行为学家才刚产生这个想法，认为动物之间可能存在窃听行为。他回忆道："构思并尝试这样的实验设计，是一件激动人心的事……（你）抱着本子坐下来，写下各种不同的处理方案，想知道它们是不是在观察彼此，是不是会运用观察到的信息。"但是，他的实验设计遭遇了一个瓶颈，他不知道怎么才能让旁观者看到争斗者，而争斗者却看不到旁观者。有一天，他坐在一家汽修店里，突然灵光乍现："有一次，（我去汽修店）修我那辆一身毛病的老丰田车，正好看到店里的伙计在贴车膜。我问其中一个人：'这玩意儿反光吗？'他说：'不会。贴车膜图的就是不反光。'于是，我买了好多车膜回去，贴在我的一块单向玻璃上，这样就能让旁观者看到争斗者，而争斗者却看不到旁观者了。"

他立即设计了一个实验，让一条偷看同类打斗的雄性鱼（间谍鱼）悠游自得地住在鱼缸的一头，另外两条相争的雄性鱼住在另一头，中间用一块单向透视玻璃隔开，这样间谍鱼就能暗中"观战"，而相争的两条鱼却看不到这位"观众"。厄利还设计了一个对照组，各种条件与实验组相同，只是中间的隔板被换成了不透明的。这样一来，独处的鱼（独居鱼）就看不到另一头争得你死我活的雄性鱼了。接下来，厄利将间谍鱼（在对照组中是看不到争斗者的独居鱼）与它观战的对象之一放入同一侧，让它们互斗。

如果间谍鱼遇到的是它观摩的那场争斗中的胜者，那么与对照组中的独居鱼相比，间谍鱼避免与对方交手的可能性更高。这一行为很合理，也是一个好"间谍"应该做的。真正令厄利吃惊的是，如果间谍鱼遇到的是败者，而且是很快就败下阵来的对象，那么它们会表现出很强的攻击性；如果是酣战许久才战败的对象，那么它们会谨慎许多，有点欺软怕硬的感觉。另外，在后续的一项实验中，厄利表示观摩其他雄性鱼的对抗，并不会促使间谍鱼区别对待所有个体。假设间谍鱼刚看完一场战斗，便与一条雄性鱼狭路相逢，如果对方不是那场战斗的参与者，或者对方与间谍鱼素未谋面，那么间谍鱼对待这位不速之客的方式，与非间谍鱼对待它的方式，并不会有任何不同。[21]

后来，厄利换了"赛道"，转而研究其他物种。不过，关于鱼类窃听现象的研究并未就此结束。许多人也在研究鱼类的大脑，虽然鱼的大脑看上去很袖珍，但它们的功能显然相当强大。乔奥·索拉里·洛佩斯（João Sollari Lopes）、罗德里戈·阿布里尔－德－阿布雷厄（Rodrigo Abril-de-Abreu）和鲁伊·F. 奥利维拉（Rui F. Oliveira）对比了斑马鱼（学名：*Danio rerio*）大脑中的基因表达模式（基因何时"开启"、何时"关闭"、应合成多少蛋白质），发现动物的间谍行为触发了一系列复杂的遗传基因突变，这些突变与警觉性和记忆形成有关[22]。

对鬣狗、北象海豹、伞膜乌贼、剑尾鱼权力斗争的观察，让我们得以一窥权力背后的成本与收益，以及它们的重要性。权力所赋予的收益具有巨大的诱惑力，当收益的诱惑力影响动物攫取和维持权力的行为时，它们又是如何驱动自然选择的呢？

二 ◎ 利益权衡

我并不比湖中叫声哀婉的潜鸟更孤独。

亨利·戴维·梭罗

《瓦尔登湖》

　　洪若荏[①]是伦敦皇家艺术学院首席运营官。这些年，她大部分时间都在陆地上度过。许多年前，她在剑桥大学攻读博士学位时，日常"画风"可不是这样的。2007—2009年，她基本都在澳大利亚的蜥蜴岛（Lizard Island）潜水，观察侏儒天使鱼（学名：*Centropyge bicolor*）的权力动态。现在回想起来，真是恍如隔世。她选择天使鱼作为研究对象，多少是奔着它们的水下栖息地去的。"我热爱潜水，"洪若荏回忆道，"所以我想，干脆研究鱼吧。"

　　蜥蜴岛四周环绕着水质清澈的潟湖，那是洪若荏与侏儒天使鱼初次

---

　　① 洪若荏，原名 Tzo Zen Ang，马来西亚华人，现已辞去首席运营官一职，转行当瑜伽教练。——译者注

邂逅的地方，它们遍布美人鱼湾（长130米、宽30米）等地，湖中蝠鲼、海龟成群，泥沙中生长着大量蛤蜊。水下2~13米深处，有许多侏儒天使鱼出没，忙碌地捕食珊瑚礁上的藻类和碎屑物质，这是它们一天中最占时间的活动。每天早晨、下午、傍晚，洪若荏都会去那里潜水。很快，她就能凭外形辨认天使鱼，主要看的是体形和颜色，尤其是鱼体上蓝黄两色之间纵向分割线的位置。为了更好地辨认每一条鱼，她还将它们抓过来，注射粉色、橙色、蓝色或绿色的合成色素。久而久之，她能够辨认的成鱼多达140条，分别属于37个鱼群，散落于珊瑚礁上的4块区域，各踞一隅，互不打扰。"每个鱼群都有特定的领域，"她发现，"从不随便离开自己的地盘。"

洪若荏仔细观察各个鱼群，努力拼凑出侏儒天使鱼为权力付出的代价，以及从中收获的利益。每个鱼群都有森严的线性优势等级关系，每个成员的序位皆由两个因素决定。优势等级最高的是雄性鱼，在它所处的鱼群中，它是唯一的雄性鱼，它的个头永远是最大的。其他成鱼皆为雌性鱼，其等级也由大小决定，最大只的雌性鱼排名第二，次大只的雌性鱼排名第三，最小只的雌性鱼排名最低。不过，这些排位是相对的。一只雄性鱼在自己的鱼群中如果是最大的，那么和其他鱼群的成员相比，它说不定比那里最大的雌性鱼还要小，但那里的雌性鱼总是比它所属群体中的雄性鱼小。

这里所说的"雌雄性"，可不是我们平时以为的"雌雄性"。侏儒天使鱼是一种雌雄同体的鱼类，会出现雌性先熟（protogyny）的现象，这是一种独特的雌雄同体形态，即一条鱼刚开始是雌性的，随着社群条件的变化，它可能在几周后"变性"，成为一条雄性鱼，拥有完整的雄性鱼功能。从权力的角度来看，影响这种鱼"雌性变雄性"的关键社会因素是：一个鱼群中有没有处于最高优势地位的雄性鱼。只有压在自己头上的雄性鱼消失了，排在第二位的雌性鱼才有可能逆袭上位。虽然较为少见，但是在洪若茝追踪观察的鱼群中，这种情况确实发生过几次。"有一天，我又去看它们，那条雄性鱼却不见了，"她说，"谁晓得（为什么消失）呢？说不定是被吃了。"这时，等级最高的雌性鱼开始转变性别，几周后上升为鱼群的老大。

侏儒天使鱼性格温和，它们如果攻击同类，大多是为了争夺或维持觅食的权力。这时，一条鱼会迅速游向另一条鱼，把它赶去别处觅食。偶尔，这种攻击行为会升级为激烈的追逐，持续时间也更长。在极少数情况下，攻击者甚至会去咬迎战者。这种鱼的攻击招数在两性之间并无差异，权力的成本与收益却视当前性别而定[1]。

到了傍晚，在收工之前，洪若茝会再潜最后一次水，观察最占优势的雄性鱼"开枝散叶"，这是权力带给它的好处之一。在每个鱼群的领域内，每只雌性鱼都有各自的巢域，大部分时间只在那里活动。黄昏时分，鱼群中的雄性鱼开始"临幸"这些巢域，与居住在此的雌性鱼一起"造卵"——雄性鱼排精、雌性鱼产卵。每个夜晚，雄性鱼可能造访其中一处巢域，排精一次，也可能造访多处巢域，排精数次。不同的是，如果雌性鱼被"翻牌"的话，只产一次卵。一般而言，雄性鱼排精比雌性鱼产卵频繁得多，这就是权力的好处。不过，夜里去雌性鱼家中"做客"，也是要付出代价的。在奔赴雌性鱼巢域的路途中，雄性鱼还得去本鱼群领域的边界巡视一圈，阻止近邻领域的同类雄性鱼进入，同时阻止其他各类的天使鱼"乱入"。雄性鱼独自承担巡视领域的责任，这是一项很耗体力的活儿，不仅游得更远，要解决的冲突也更多——25% 的雄性鱼争斗在边界发生。更惨的是，巡视期间，雄性鱼无暇觅食（排精期间也是）。

因此，它的觅食成功率普遍低于同群体中的雌性鱼。虽然没有确凿的数据证明这一点，但是洪若茞认为夜间独自巡视领地，增加了被捕食者袭击甚至吃掉的风险[2]。

在同一鱼群中，虽然所有雌性鱼的产卵次数都低于优势雄性鱼的排精次数，但是成为一条等级高、权力大的雌性鱼还是有好处的，可以比等级低、权力小的雌性鱼获得更多产卵机会。雄性鱼为什么倾向于跟等级高的雌性鱼交配？具体的原因尚不明确，也许是因为雌性鱼的体形更大，产下的卵也会更大，或更多。权力还有另一个好处——雌性鱼的等级越高，巢域越大，就越有机会觅得更多、更好的食物。

为了维持在权力关系中的地位，雌性鱼也要付出微妙但真实的代价。在同一鱼群中，雄性鱼会平等地对待所有地位比它低的雌性鱼，对它们表现出同等的攻击性。它可能与等级最高（最大）的雌性鱼发生冲突，也可能与等级最低（最小）的雌性鱼发生冲突，这两种情况发生的概率一样大。不过，雌性鱼对雌性鱼可不是这样的。在优势等级的金字塔上，它们倾向于攻击屈居其下的弱者，而不是凌驾于自身之上的强者。不过，真实的情况比这复杂多了。等级越高的雌性鱼越倾向于攻击比它低一级的雌性鱼，对方也是它最大的潜在（同性）竞争对手。为什么不针对等级比自己低得多的雌性鱼呢？洪若茞猜测，这是因为等级最高的雌性鱼时刻做着"继位"的准备，一旦群体里的雄性鱼消失了，它就能趁机上位。因此，最大的竞争对手可能更值得它针锋相对，以免对方成为它上位的绊脚石。这种策略似乎挺有效的，由于高等级雌性鱼的攻击，屈居其下的雌性鱼觅得的食物变少了。吃得少便长不大，谋权篡位的可能性自然就变小了。[3]

*

　　关于权力的成本与收益，动物行为学家想测量的，是不同行为给长期繁殖成效带来的净效应（收益减去成本）。为此，洪若茬深入地研究了天使鱼。上一章提到的霍尔坎普也对鬣狗做了长期的观察，她数十年的鬣狗繁殖成效研究，为该研究方向树立了标杆。

　　至于收集繁殖成效的长期数据，这事儿说起来容易，做起来难。它需要年复一年地持续监控种群，要能够辨认每个个体，记录谁表现出什么不同的行为，谁繁衍了多少后代等。在这个漫长的过程中，任何一步都有可能在组织上出错。因此，研究人员有时会收集单轮繁殖活动的数据，用它代替终身繁殖指标。更常见的是，动物行为学家会借用更间接的代用指标，如权力与觅食成功率之间的关系，或权力与安全庇护之间的关系。这么做主要基于一个假设：如果能获得更多食物，或占据更好的隐蔽所，动物的终身繁殖成效就更大。这些代用指标以及其他类似数据，也被用于衡量权力的成本。有时，研究人员能够收集到成本与收益的信息。有时，他们只能收集到其中一种信息，要么是成本，要么是收益。

　　包括夺取与维持权力的行为在内，任何行为想要获得自然选择的青睐，其收益必须大于成本。20世纪70—80年代，为了建立一个理论框架，用于研究权力的成本与收益，近而研究权力的演变，动物行为学家向数理经济学取经，将经济博弈论应用于非人类动物社会中，该理论的创立者凭此获得了经济学奖。经济博弈论认为，一个人能从一个行为中得到什么回报，不仅取决于自己这一方的行为，还取决于另一方的行为。以经典的"囚徒困境"为例，两个嫌疑犯作案后被警察抓住，每个人的命运不仅取决于自己对警察说什么，还取决于同伙会对警察说什么。

以生物进化为研究导向的动物行为学家对博弈论模型做了重要修改，用它理解和预测人类以外的动物的行为。很快，进化博弈理论就应运而生，用于预测在对手特定行为下，动物为争权能采取的最佳对策。博弈论是建立权力动态模型的完美选择，因为动物争夺资源的报偿是什么，取决于潜在对手受到威胁时的反应是什么——它是迎战，还是避战。

动物的权力动态也有不那么含蓄微妙的一面，研究人员围绕攻击与战斗行为的演化，构建了一个简单的博弈论模型，借助成本收益分析来理解权力的这一面，并为此打下了良好的基础。在对权力组成部分建模的早期尝试中，约翰·梅纳德·史密斯（John Maynard Smith）与乔治·普赖斯（George Price）在经典博弈论中加入进化论的元素，从而建立了著名的"鹰鸽博弈"模型（hawk-dove game）。这里的"鹰"和"鸽"指的不是鸟，而是政治学里的派系别称——强硬好战的个人、团体或国家称为"鹰派"，以和为贵的个人、团体或国家称为"鸽派"。在"鹰鸽博弈"模型中，"鹰"代表的博弈对策（以下简称"鹰对策"）很简单——时刻准备着为争夺资源而战；"鸽"代表的博弈对策（以下简称"鸽对策"）则是相反的——装出一副不好惹的样子，一受到挑衅就落跑。

所有博弈论模型皆以成本与收益为核心。在"鹰鸽博弈"中，竞争者的潜在代价是负伤。假设只有战败方才会受伤，而战胜的潜在收益是双方争夺之物（如食物）的价值，请你想象有两只动物正在争食，如果一方采取"鹰对策"，另一方采取"鸽对策"，那么双方将不会发生战斗，因为鸽会退缩，将资源拱手相让，自己一无所获。如果双方都采取"鹰对策"，那么两鹰相遇，必有一战：一只鹰战胜，独占资源；另一只鹰落败，付出代价。假定两只鹰的战斗力相当，每只鹰都有50%的概率获胜（并独占食物），50%的概率落败（并负伤），那么当一只鹰与另一只鹰战斗时，它的平均报偿是1/2的收益减去1/2的成本。如果争食的是两只鸽，它们只会虚张声势，不会动真格。这种情况下，该模型假定它们将平分食物，各自享受一半收益。

经过一番数学计算，"鹰鸽博弈"模型预测的结局是，一个种群要么由鹰和鸽组成，要么只有鹰。现实中会出现哪一种情况，取决于收益与成本的确切数值：提高收益值，鹰的数量会增多；提高成本值，鸽的数量会增多。在鹰鸽皆有的种群中，权力争夺的模式较为丰富：鹰对鹰——大打出手；鸽对鹰——先虚张声势，接着避让；鸽对鸽——和平共处。全是鹰的种群只有一种争夺模式——战斗。有意思的是，"鹰鸽博弈"模型预测的种群只有这两类，并不存在全是鸽的情况。在某种层面上，这个简单的模型预测了权力斗争的存在。

"鹰鸽博弈"模型是一个极好的思维实验例子，动物行为学家借用最抽象的成本与收益的概念，提出一些简单的预测。后面在介绍慈鲷的权力时，我们还将细说"鹰鸽博弈"模型，这里我们浅尝辄止，以它为切入点，深入探索地球上各种生物争夺权力的成本与收益，并将视线转向美国密歇根州的道格拉斯湖（Douglas Lake），进入湖底相对疏松的粉砂层，看那里的底栖动物如何做权力的权衡。

*

在道格拉斯湖底的腐泥中，遍布着许多露出地面的铁矿石，这些石头成为锈斑螯虾（学名：*Orconectes rusticus*）的藏身之处，当捕食者出来觅食时，它们就躲到石头背后。为了抢夺这些安全的藏身之处，锈斑螯虾经常大打出手。亚瑟·马丁（Arthur Martin）和保罗·摩尔（Paul Moore）精心打造了一款水下摄影设备，专门用于拍摄这些螯虾，记录它们为争夺隐蔽所使出的独门绝技，一点一滴地拼凑出该物种的权力结构。

他们拍到了令人惊叹的行为节目（behavioral repertoire）[①]：趋近、撤退、摆尾、挥须等。等这些招数全使完后，锈斑螯虾才会祭出它最危险的武器：一对强有力的钳子（螯足）。锈斑螯虾平均身长4英寸（约10厘米），螯钳就占了1/3。它们用这对钳子去推开对手，或"近身肉搏"，各自夹紧螯钳，钳子对钳子，使劲互推。如果这都分不出胜负，那么其中一只螯虾很可能会腾出一只钳子来，去夹住对手的身子。一旦打到这个地步，接下来的场面会无比凶残，据马丁和摩尔描述，它们将"甩开膀子厮杀，夹住对手的螯钳或附肢，用力扯下来"。

马丁和摩尔认真观看了1000多小时的视频，发现这些发生在隐蔽所附近的争斗通常用时很短，平均持续时长18秒，威吓是最常出现的攻击姿态，如挥舞触须，大约20%的交会出现了用螯钳推对手的行为。体形大小可能是最能反映权力的特征，当体形更大的隐蔽所占有者被体形更小的入侵者挑衅时，大多数情况下它都能保住自己的所有权。当来了一只比占有者体形更大的入侵者时，原占有者通常会战败，并被"扫地出门"。[4]

马丁和摩尔无法评估道格拉斯湖底的隐蔽所的好坏。为了更深入地探索并验证更强大的锈斑螯虾不仅能够保住对隐蔽所的所有权，还能优先获得更好的隐蔽所，他们将50只公螯虾带回鲍灵格林州立大学

---

① 又译"行为库"，指一个物种的全部行为。——译者注

（Bowling Green State University）的实验室，因为在实验室里，他们能够人为地控制隐蔽所的好坏[5]。50只公螯虾被分成10组，每组都住在自己的大鱼缸中，每个鱼缸中放着几截不透明的塑料管，且大小不一，可以充当隐蔽所。接下来，他们仔细观察每个群体内部的互动，发现它们形成了线性的优势等级关系。最强大的公螯虾，即最占优势的个体，牢牢霸占了最大的隐蔽所，谁也抢不走。就算有哪只体形较小的公螯虾侥幸占据了一个较大的隐蔽所，最后也会被比自己更强的个体抢走。

权力给了锈斑螯虾住"大房子"的特权。不过，这世上不可能所有好处都让强者占尽。除了利益以外，代价也能推动权力的演变。

*

野外生活不那么美好的一面是有许多寄生虫，包括体外寄生虫和体内寄生虫。这种寄生生物在挑宿主时，从不讲究"机会面前人人平等"，有的宿主身上只有少量的"住客"，有的宿主则大受体内外寄生虫的"偏爱"。为了更好地了解权力的成本与收益，学者们开展了数十项动物行为进化研究，其中包括一项关于红额狐猴的研究，将焦点放在了寄生虫身上，探究寄生虫载量的差异如何反映群体的权力结构。

马达加斯加（Madagascar）[①]的中西部海岸有一块名为"奇灵之地"（Kirindy）的保护区，那里的森林中生长着茂密的猴面包树，树下栖息着许多只存在于童话中的神奇动物，比如，马岛鼠（学名：*Hypogeomys antimena*，又名：巨型跳鼠），一种极其罕见的夜行性动物，大到任何有

---

① 位于印度洋西部的非洲岛国。——译者注

幸见到它的人类都会吓一大跳，并感叹造物主的神奇；维氏冕狐猴（学名：*Propithecus verreauxi*），经常在树木之间窜来窜去，在地面行走时，总是后足立地，跳跃前进，前肢在空中挥舞，凭借其独特的走姿，荣获一个知名度更高的绰号——"跳舞的狐猴"（dancing lemurs）。除此之外，奇灵之地还分布着数十种当地特有的珍稀鸟类、爬行动物、两栖动物，包括窄纹獴（学名：*Mungotictis decemlineata*）、棕尾鼬狐猴（学名：*Lepilemur ruficaudatus*）、侏儒鼠狐猴（学名：*Microcebus myoxinus*）、小嘴狐猴（学名：*Microcebus murinus*）、肥尾鼠狐猴（学名：*Cheirogaleus medius*），以及我们要隆重介绍的对象——红额狐猴（学名：*Eulemur fulvus rufus*）。

红额狐猴重约6磅（2.7千克），尾巴近2英尺（60厘米）长，是身体其他部位的2倍长。彼得·卡佩勒（Peter Kappeler）及其在奇灵地的德国灵长类动物研究所（German Primate Center in Kirind）的同事一直在追踪记录它们的攻击行为、屈服行为、权力动态。卡佩勒团队给每只红额狐猴都戴了尼龙项圈，记下它们的全部行为——咬、冲、追、拍、抓、扑、吱吱叫、尖声叫、呜呜叫、瞪眼、畏缩、"转移"[①]、龇牙、低眉顺眼，以此分辨在争夺食物、配偶及其他资源时，谁胜谁负。

住在一个拥有独特进化路线的岛屿上，研究异域的灵长类动物的权力，你可能觉得这份工作看上去很浪漫，但如果你要研究的是寄生虫与权力的关系，那么我劝你提前做好收集动物粪便的心理准备。卡佩勒与他的团队在岛上开展了一项为期2年的调查，采集了500份红额狐猴的

———————————

① 转移行为（displacement）指动物在两相冲突的动机支配下做出毫不相关的行为，比如，当两只敌对的银鸥在领地交界处相遇时，它们通常既畏惧又想攻击对方，结果双方既没有逃跑也没有攻击，而是一只在啄草，一只在理毛。——译者注

粪便样本（它们的主人感染了10种体内寄生虫，其中，8种是线虫、扁虫、绦虫，2种是血液原虫），接着将与粪便主人权力地位相关的行为数据映射到寄生虫信息上。虽然卡佩勒团队并未发现权力地位与寄生虫感染之间存在明显的直接关系，但是他们发现一个群体中地位最高的雄性猴比其他雄性个体携带明显更多的血液寄生虫。看来，有权有势的"猴生"，也是"虫满为患"的"猴生"。[6]

*

伊丽莎白·阿奇（Elizabeth Archie）、鲍比·哈比格（Bobby Habig）及团队其他成员对几十种动物的样本做了大规模的对比，而非仅研究单一物种内权力与寄生虫的关系。他们采用了一种叫"元分析"（meta-analysis）的统计工具，它能够从已发表的研究论文中提取数据，接着寻找特定规律，数据来源于科学网（Web of Science）的引文索引，那是一个大型引文数据库，收录了发表于万余种期刊的数百万篇科技文献的信息。在其中一项元分析中，阿奇的团队以雄性脊椎动物为研究对象，在科学网上输入了两组检索关键词，一组是"寄生虫、健康"，另一组是"社会地位、社会等级"，该网站返回了数十项结果，范围涉及啮齿动物、灵长类动物、有蹄类动物、鸟类、辐鳍鱼、蜥蜴的研究，每项都满足至少一组关键词。[7]

结果显示，雄性红额狐猴并不是唯一一个权力与寄生虫成正比的物种。在该工具分析过的所有脊椎动物中，优势雄性动物的体内外寄生虫感染水平皆明显高于等级更低的从属雄性动物。首先，优势雄性动物身上的体外寄生虫更多（如寄宿于黑斑羚皮毛中的蜱虫），原因之一可能是它们与其他成员的交集更多（虽然是些不太友好的交集），因此更容易被移动能力强的体外寄生虫看上，当作"下家"。这类寄生虫移动速度快，可以在两只动物发生肢体接触时，趁机跳到下家身上，更换宿主。其次，优势雄性动物更容易感染体内寄生虫，可能是权衡（trade-off）过后的结果，是无可避免的结局——它们忙于争夺和维持权力，分不出精力去管其他事，包括抵御寄生虫。不过，研究人员在推断因果关系时，必须谨慎。基于前面提到的种种原因，以及许多没提到的原因，权力应该是因，寄生虫多是果，不太可能是反过来的关系。想要真正验证它们之间的因果关系，研究人员需要随机挑选雄性个体，对它们做实验性操纵，让它们年幼时统一感染寄生虫（或者都不感染寄生虫），然后分析这对它们最终的权力序位是否有影响。大多数时候，这说起来容易，做起来却很难。在哺乳动物和鸟类身上做此类实验，将会引发诸多伦理争议和法律问题（在无脊椎动物、两栖动物、爬行动物、鱼类身上这么做，面临的阻力可能相对小一些，至少在法律这方面是这样的）。除此之外，科学家还会面临巨大的后勤挑战，很难对野生动物社群实施此类操纵。[8]

*

寄生虫感染更严重并不是优势者在健康方面要承受的唯一成本。另外，不是只有灵长类动物或雄性个体才需要为权力牺牲健康，占优势地位的雌性织巢鸟也需要。

群居织巢鸟（学名：*Philetairus socius*），重约30克，身披平淡无奇的褐色羽衣，跟其他羽色缤纷的鸟类一比，实属寡淡。俗话说，上帝为你关了一扇门，必定会为你打开一扇窗。群居织巢鸟虽貌不出众，筑巢能力却出类拔萃，也算是上帝对它的一种弥补。它们的巢穴遍及纳米比亚、博茨瓦纳、南非，堪称鸟类建筑界的奇迹。这些鸟巢为集体合力所筑，最多可容纳数百只鸟，多代同堂，有的社群已经在自家祖传的公共巢穴中居住了100多年，这些巢穴很有可能是世界上最庞大复杂的巢穴，配得上这种鸟名字里的"群居"二字。

群居织巢鸟的巨巢能够抵御非洲沙漠的极端温度变化，由干草、树枝、金合欢树的枝叶编织而成，常常悬挂在金合欢树上，顶部为拱形，最大的厚约1米，宽近3米，重达1吨以上，内部由许多互不相通的小隔间组成，有的集中可能多达几十个，每个小隔间都有专属的通道，可从外部进入。每只织巢鸟飞到隔间的入口，都会先发出一个独特的叫声，有点像进家门前的"通关密语"。在其他场合下，它们不会这么叫。报完"通关密语"，它们便钻进去，穿过近30厘米长的通道，进入自家的隔间。所有隔间都由树枝、稻草构成，每个隔间都是一个家庭单元，里头住着一对繁殖鸟，以及它们的蛋，偶尔还有亲戚逗留。在不繁殖的季节，繁殖鸟（及其亲戚）也会栖息于此。

在南非的北开普省（Northern Cape Province），有科研人员在本方丹猎场（Benfontein Game Farm）开展一系列长期实验，实验对象之一就是群居织巢鸟，许多群居织巢鸟被上了鸟环，每只环都配以独特的编号和颜色组合。科研人员曾找来一些有照明功能的镜子，用它们反射巢内的世界，从而观察巢内的情况，但是不管怎么投机取巧，观察巢内活动都不太容易。幸运的是，群居织巢鸟的大部分互动，包括与权力动态相关的互动，大多发生在巢外，如巢外的取食地、巢穴入口附近可能与邻居相遇的树枝上、巢穴外部需要修补的地方（这种鸟很勤快，一辈子都在修葺和扩建巢穴）。

后来，科研人员想到了一个聪明的办法，在巢穴附近布置了一些人工喂食器，为群居织巢鸟提供更多互动的机会。实验取得的结果表明，争夺优势地位也是这种鸟的日常社群生活的一部分。在其中一项实验中，丽塔·科瓦丝（Rita Covas）、莉莲娜·席尔瓦（Liliana Silva）及其同事来到本方丹猎场，在5个鸟巢下方的喂食器附近各安装了一台摄像机，从2015年8月下旬开始拍摄，才拍摄了2周，就捕捉到了17814次群居织巢鸟之间的互动，包括它们在喂食器附近的许多行为，如威胁（喙高高抬起，头顶羽毛参开）、让位（一只鸟在另一只鸟靠近时立马飞走）、叨啄、踢蹬、攻击等。科瓦丝的团队人工判定每次互动的胜负方，以此确定这些鸟的优势等级关系，并收集了它们的血液样本，想用这些血样测量他们特别感兴趣的一项指标，叫"氧化损伤"（oxidative damage）。抗氧化物质能有效对抗某些会对遗传密码造成损害的分子，细胞若无法生产足够的抗氧化物质，就会形成氧化损伤[9]。

科瓦丝的团队分析了群居织巢鸟在喂食器附近的互动，发现它们的社群中存在稳定的优势等级关系。在这之后，他们将注意力转向血样分析，努力寻找权力地位与氧化损伤之间的关系。最终，他们发现为权力牺牲健康的，居然不是优势雄性鸟，而是优势雌性鸟：雌性鸟等级越高，氧化损伤就越严重。科瓦丝及其同事认为，雌性鸟付出的生理代价，应该与争夺和维持权力有着某种关联。问题是，优势雄性鸟更经常争来斗去的，而且程度激烈多了，为什么它们不用付出相同的代价呢？科瓦丝及其同事猜测，富含抗氧化物质的食物也许是关键。雄性普遍比雌性更占优势，它们有更多机会获得此类食物，因此氧化损伤更少，继发损害也更少[10]。

值得提醒的一点是，反映动物健康状况的负面指标有许多，寄生虫和氧化损伤只是其中两个。对其他指标（尤其是与压力应激有关的激素）的测量显示，等级更低的个体要付出的代价往往更大，从属雌性狐獴显然是这样的，这使狐獴成为研究动物权力的一个重要对象，当然这只是诸多原因之一。

*

马修·贝尔（Matthew Bell）是英国爱丁堡大学的一名行为生态学家。说到权力的成本与收益，他会是第一个这么告诉你的人：绝对的繁殖成效① 不重要，重要的是相对的繁殖成效，即一个个体相对于另一个个体的繁殖成效。这意味着，抑制从属个体的繁殖行为，有时也可以成为一种强大的"武器"，为优势个体所用。贝尔研究过的卡拉哈里沙漠（the Kalahari Desert）的狐獴（学名：*Suricata suricatta*）就是这么干的。想知道雌性狐獴首领为何阻扰从属者生育，它又是如何办到的，首先我们得知道繁殖抑制的代价与利益是什么。[11]

读博期间，贝尔的研究方向其实不是狐獴的权力动态，而是乌干达② 的缟獴（学名：*Mungos mungo*，俗称：横斑獴）的育幼行为。在采集相关数据时，贝尔注意到，高等级缟獴"孕妇"会抑制比自己等级低的"姐妹"的繁殖。他说："体形更大、更占优势的雌性狐獴会将体形更小的雌性狐獴打得满地找牙，（这种行为的）破坏力极强。"针对这一现

---

① 个体出现时的繁殖输出与未来繁殖输出的总和称为"繁殖成效"。——译者注

② 非洲东部国家。——译者注

象，他写了一篇论文，发表在《皇家学会学报》（*Proceedings of the Royal Society*）上，并梦想着有朝一日能够开展后续研究，在缟獴或其他獴科动物的社群中，深入探索权力与繁殖抑制的关系。

几年后，贝尔终于盼到了机会。为了开展关于斑鸫鹛（学名：*Turdoides bicolor*）的博士后研究工作，他再次去了卡拉哈里沙漠，找了一处也有狐獴栖息的生境。贝尔曾加入剑桥大学蒂姆·克拉顿－布洛克（Tim Clutton-Brock）的研究小组，在他的团队里完成了博士学业，拿到了博士学位证书。贝尔以前在卡拉哈里沙漠待过，还阅读了克拉顿－布洛克团队的许多研究成果，因此他知道狐獴的社群生活中有一个异乎寻常的地方：极端的繁殖倾斜。虽然每只成年雌性狐獴都有生育能力，但是在一个狐獴族群中，只有雌雄首领具有生育资格，其他"女眷"只配当"保姆"，协助抚养首领的子女，照管好它们，为它们找食物。克拉顿－布洛克团队表示，为了垄断整个族群的生育大权，雌性首领会不遗余力地打压从属者。

雌性首领一年通常生育2~4次，如果哪个新来的从属者怀孕了，那么它会让对方"吃不了兜着走"。起初，它对从属者的攻击还算克制，只会将从属者赶出取食的洞穴，或者偷走从属者的食物。渐渐地，雌性首领越来越明目张胆，越来越心狠手辣，动不动就去追逐怀孕的从属者，一旦抓住对方，就将它按倒在地，咬它的尾巴或脖子。"（这种追逐甚至）可能升级为群体行为，所有成员参与进来，对它群起而攻之……（成员们）不停地欺负它，一天欺负好几回。无奈之下，这位小姐妹只能离开族群，出去避几天或几周风头……直到首领生产完才回来。"被短暂驱逐的雌性狐獴死亡率极高，即使有个别雌性狐獴活了下来，最终回到族群中，也早已瘦得不成獴形，因应激激素（皮质醇）过高而流产。[12]

抑制从属者的繁殖确实很有用，但这活儿一点也不轻松。在怀孕状态下攻击从属者，不仅体力消耗大，还有被从属者打伤的危险。因此，若想研究优势者抑制繁殖的成本与收益，贝尔相信狐獴是最完美的研究对象。于是，他联系了克拉顿－布洛克，与他讨论自己从研究缟獴时便已萌生的想法。两人共同设计了一个实验，想知道当从属者不再试图繁殖时，雌性首领将做何反应。贝尔猜测它这时应该"不用再费力殴打从属者了"。后来，他连续2年给6个种群中的35只从属雌性狐獴打避孕针，每年打3次。与此同时，他还设置了6个对照组，总共38只从属雌性狐獴，给它们注射相同剂量的生理盐水。

贝尔是在2009年开始这项实验的。那时，人们对当地的狐獴已经研究了25年，它们虽然依旧过着野性十足的生活，却早已习惯了人类整天在自己身边转悠。不过，这并不意味着它们变得很好抓。贝尔每年要抓它们3次，一次抓73只，抓来打避孕针（或生理盐水），可想而知有多难。他有一只帆布做的枕头套，每次悄悄靠近一只雌性狐獴，他总会带上枕头套，藏在身后。运气好的话，他遇到的雌性狐獴可能对食物更感兴趣，而不是一个鬼鬼祟祟的人类。他会趁它不注意，一把抓住它的尾巴，将它塞进枕头套里，接着掏出事先准备好的便携式气体麻醉机，用面罩罩住它的鼻子，将它麻晕过去，注射避孕药（或生理盐水）。几分钟后，麻药药效一过，雌性狐獴就会醒过来，回到族群中。

在那两年的实验中，贝尔和他的团队每两周就会采集一次各雌性首领的行为数据。他们从1000多小时的观察数据中发现，实验组的雌性首领攻击从属者（被注射了避孕药）的次数低于对照组的雌性首领。在实验组中，即使雌性首领处于怀孕期，它驱赶从属者的可能性也更低，一方面是因为从属者被注射了避孕药，没有怀孕；另一方面是因为避孕药抑制了繁殖，使它们释放出不同的气味。

抑制从属者的繁殖能力为雌性首领带来实在且显著的好处。在从属者被注射避孕药的实验组中，雌性首领进食更频繁，增重更显著。与对照组相比，它们的幼崽刚出生时更重，发育阶段也长得更壮。这些好处可不是"蝇头小利"，幼年狐獴成年后的体形大小，关系到它们争夺地位的优势有多大，并与未来的繁殖成效成正比。它们长得更壮，一方面是因为雌性首领有更多时间喂养子女；另一方面是因为被抑制繁殖的从属者自己无所出，便会为雌性首领的子女提供更多食物。

抑制从属者繁殖总收益是什么，目前尚不清楚。我们只知道，当贝尔等科学家没有人为地抑制从属者的繁殖，而是由雌性首领"亲力亲为"时，雌性首领不仅要投入很多精力，还要面临受伤的风险，代价极高。这么做的收益是否大于成本，目前仍是一个未知数，因为雌性首领为此消耗了多少精力，受伤的风险又有多大，是两个难以量化的成本因素，幸好其他成本因素好测得多。肯达·史密斯（Kenda Smyth）、蒂姆·克拉顿－布洛克及狐獴研究小组的其他成员发现，与从属者相比，雌性首领感染的体内寄生虫（如蛔虫、绦虫）更多，先天免疫力也更差[13]。

在狐獴的大家族中，优势者与从属者都要付出极大的代价，但是它们很少为了争权闹出"獴命"来。生活在美国威斯康星州（Wisconsin）湖泊上的普通潜鸟可就没这么克制了。

*

在威斯康星州的莱茵兰德（Rhinelander），太阳正从东边升起，笼罩在湖面上的薄雾逐渐散去，赫然出现一对普通潜鸟（学名：*Gavia immer*）的身影。它们安静地游曳于湖面上，露出一双醒目的红眼，乌黑的脑袋，匕首状的鸟喙，棋盘格的羽毛。其中一只是雄性鸟，正发出阴森凄厉的嗥鸣（wail），身侧跟着一只雌性鸟。不一会儿，岸边回响起一阵颤鸣（tremolo），犹如诡异的笑声，在空气中颤动。这里表面看似风平浪静，实则正酝酿着一场"腥风血雨"，因为普通潜鸟的权力之争极为血腥。[14]

　　威斯康星州分布着1.5万多个湖泊。普通潜鸟在佛罗里达州（Florida）或卡罗莱纳州（Carolinas）过完冬，便会飞回威斯康星州的领地。这种水鸟实行一夫一妻制，一对夫妇的领域往往覆盖一整座湖泊，它们通常多年结伴，每年春天飞回共同的故乡（湖泊）。到了繁殖季节，雄性鸟会找个好地方筑巢。有时，它会在狭长的湖岸上筑巢。大多数时候，它会将巢筑在高出湖面几英尺的水渚上，那里相对安全些，可以更好地躲避敌害，比如爱吃潜鸟蛋的浣熊和臭鼬[15]。

　　早在20世纪90年代初，沃尔特·派珀（Walter Piper）就开始研究普通潜鸟，他说这种鸟的社群很神奇，原因之一是"虽然湖泊大小各异，但是至少你和潜鸟一致默认，一只雄性鸟应独占一整个中小型湖泊"。领地很宝贵。在潜鸟的社会中，对领地的控制是权力的象征。没有领地，就没有交配权。由于权力与领地直接挂钩，"领主"经常会被入侵者骚扰。入侵者没有自己的领地，居无定所，四处漂泊，因此绰号叫"流浪者"（floater）。它们会逼走领主，强占湖泊，必要时甚至不惜动用武力。派珀说："隔三岔五就有一只潜鸟闯入领地。因此，捍卫领地主权是一场持久战。"如果来的是雄性流浪鸟，而且入侵成功，那么原来的雌性领主将留下。如果来的是雌性流浪鸟，并将雌性领主成功挤走，那么原来的雄性领主留下。这表明，潜鸟只忠于领地，而非配偶。

沃尔特·派珀、杰伊·马格（Jay Mager）、查尔斯·沃尔科特（Charles Walcott）三人一直在研究流浪鸟抢占领地的行为，并好奇领主将如何抵御居心叵测的篡位者，捍卫自己的权力。在一个潜鸟的种群中，流浪鸟占了近一半。4—8月，每天可能有好几个不速之客闯入一片领地，一个接一个地来。派珀的团队给每只领主都上了环，但是只给40%左右的流浪鸟上了环，因此很难确定它们当中有多少是屡次入侵同一领地的"累犯"。如果只看上了环的流浪鸟，它们当中确实不乏多次"故地重游"的"累犯"。派珀的研究数据显示，它们在"侦察（敌情）……有序觅食①，四处踩点，熟悉地形"，不仅收集领主信息，还会查看那里有没有雏鸟，以此判断领地质量的好坏。

雄性领主一旦发现流浪鸟，就会发出类似于约德尔调（yodel）②的叫声，先是高音啼叫，且音调越来越高，接着转为两个短促的低音，依次循环。通过这种叫声，流浪鸟能够迅速判断雄性领主的体形。声音越低沉，代表体重越重。派珀及其同事做了一个实验，他们修改了潜鸟"约德尔叫"的频率，将它播放给流浪鸟听，发现它们不仅有根据叫声判断雄性领主体重的能力，还能将这个能力运用到实战中，一听到更低沉浑厚的"约德尔叫"，就表现得更为谨慎。"约德尔叫"还能反映雄性领主的攻击意图有多强。派珀做了另一项实验，发现当两个短音出现得更频繁时，流浪鸟会表现得更小心翼翼，仿佛担心雄性领主随时会冲过来修理它。

雄性流浪鸟的"拜访"大多不会闹出大事来。一旦发现雄性流浪鸟

---

①　指动物在觅食区域内形成固定的觅食路线，定期重复这些路线觅食。——译者注

②　瑞士民间一种用真假嗓音交替歌唱的唱法，中低音区用真声唱，高区间用假声进入，并用这两种方法迅速交替演唱。——译者注

来了，雄性领主就会发出"约德尔叫"，朝对方游过去，做出低头、转圈及其他仪式化的动作，通常造不成多大的伤害，而它的配偶则在边上事不关己地游着。雄性流浪鸟通常不到半个钟头就飞走了，大概是去下一个湖"流窜作案"了吧。碰到这样的小插曲，雄性领主付出的代价小到可以忽略不计，收益却很大，"江湖"地位稳如磐石。问题是，并非每次入侵都有惊无险。

派珀团队总共记录了425次"入侵行动"，其中有109次爆发了激烈的攻击，激烈到派珀应接不暇。"你正坐在独木舟上，"他说，"（湖面上）突然一阵骚乱，快到让你措手不及，不知道发生了什么。"低级别攻击通常以追逐为主，表现为一只鸟在湖面上追着另一只鸟到处跑，追到对方离开为止。接下来，攻击逐步升级，开始出现肢体冲突，一只鸟朝另一只鸟猛扑过去，啄对方的喙，逮住彼此的头，用翅膀互殴。这样的升级攻击曾在25次入侵中出现。如果战况走向白热化，其中一方就会将对手的头猛地按进水里，并按住很长时间。在109次涉及攻击行为的入侵中，有近一半的事件颠覆了权力格局（占派珀团队观察到的入侵事件的10%）：流浪鸟赶走领主，抢占其领地。

派珀曾看到被驱逐的原领主在第一次战败后逃脱了。不过，当新领主巡视领地时，它经常会逮到逃走的原领主，穷追猛打。后来，潜鸟研究小组惊讶地发现，升级攻击的代价是多么惨重。在他们追踪的被驱逐的雄性鸟中，至少有8只（可能多达16只）最后不幸死去，头颈部布满撕裂伤，无疑为生前几天多次打斗所致。被驱逐后，即使有的雄性鸟侥幸活了下来，最终也不得不流落他乡，屈居于派珀团队所称的"荒凉贫瘠的领域"[16]。

这类"殊死搏斗"在动物王国中实属罕见，一般只有当一种动物的寿命极短，且一生只繁殖一次时，它们才会不惜拼上性命。一生一次的繁殖，关系到整个种群的延续，为此争得你死我活，也算合情合理。问题是，普通潜鸟寿命长，有的能活到25岁，甚至30岁，一生繁殖多次，产多窝雏鸟。按理说，它们不应该这么拼命，但它们为何要反其道而行呢？派珀及其同事正逐步解开这个难题。

在普通潜鸟的殊死搏斗中，受害者往往是年长的雄性鸟，它们占有优越的领地，曾成功繁育过许多后代。派珀发现，年轻的流浪鸟总喜欢挑好领地下手，年老体衰的领主往往会叫得更卖力，释放出更强的攻击信号，这反倒透露出它很重视这个地方。问题是，随着年龄的增长，雄性潜鸟的体重在下降。一个领地越是"鸟丁兴旺"，雄性潜鸟的体重就降得越厉害，因为连续多年抚养雏鸟，体力消耗极大。对领地占有得越久，年长的雄性潜鸟就会越卖力地发出"约德尔叫"，对流浪鸟表现出的攻击性也更强。然而，叫声不仅反映意图，也泄露了体重，流浪鸟可能由此推断，对方很好下手。

这些有助于理解雄性潜鸟为什么争夺优质的领地，领地之争为什么如此激烈。但是，不管一个领地有多好，在面对一个年轻力壮的流浪鸟时，它真的值得雄性领主以命相搏吗？这取决于雄性领主是否有别的去处。为了抢夺领地，年轻的流浪鸟会全力以赴，但是在出现战败的迹象时，它们通常不会恋战，也不愿冒受重伤的风险，或把命搭进去。它们随时都可以弃战，去别的地方碰运气。然而，对于一只长年占据风水宝地的雄性潜鸟而言，放弃的代价太高了。若被驱逐出去，它不可能去抢其他雄性潜鸟的好领地，因为正如派珀所言，到了晚年，它已经开始"力不从心"了。因此，"誓死捍卫现在的领地"，成了它唯一的选择。

权力给领地意识强的潜鸟带来了宝贵的财富，反过来也将它困入领地之争的死局。为了守住这笔财富，它不得不孤注一掷，与来势汹汹的年轻雄性潜鸟殊死搏斗[17]。

＊

　　在追求权力的道路上，动物的行为有着举足轻重的作用，只要走错一步，就要付出惨重的代价，做对选择，便可获得丰厚的回报，但是回报本身也有代价。因此，不管是什么动物，只要有夺权的野心，它就得不停地面对同一道选择题：我该挑战谁，对谁敬而远之？另一道重要的选择题是：当我受到挑战时，我该做何反应——是退却，还是迎战？如果迎战，那么又该战斗多久？由于事关重大，读者自然而然地会想到，它们应当花大量时间和精力，评估潜在对手的实力，量敌而后进。

　　你想得没错。

三 ◎ 审己量敌

从道德家的角度来看，

动物的世界与角斗士的竞技场并无两样。

托马斯·亨利·赫胥黎

《生存斗争》

托马斯·亨利·赫胥黎（Thomas Henry Huxley）是英国维多利亚时期的一名博物学家，身上有着那个时代的深刻印记。他在19世纪"弱肉强食"的英国社会中长大，平时最常做的事之一是"投入关于生物进化的无休无止的唇枪舌战"（这是他亲口说的）。查尔斯·罗伯特·达尔文（Charles Robert Darwin）出版《物种起源》（*On the Origin of Species*）的前一天，赫胥黎写信给达尔文，宽慰他道："碰到那些乱吠乱叫的狗，请你务必记得，无论如何，你的个别朋友还是很有战斗力的（尽管你经常刚正不阿地反对这么做），也许能助你一臂之力。我正磨刀擦枪，严阵以待……如有必要，我赴汤蹈火，在所不辞。"[1]

赫胥黎一直积极争当达尔文的"发言人"，被达尔文戏称为"我传播

‘福音’（魔鬼的“福音”）的忠实使徒”，其他人则直接引用赫胥黎自封的绰号——“达尔文的斗牛犬”[2]。身为达尔文的“发言人”，赫胥黎对自然选择颇有研究，对动物权力也略有见解。题记里的话出自赫胥黎的名著《生存斗争》（ The Struggle for Existence: A Programme ），明确地表达了他对权力的看法：

> 这些生物被好生对待，然后推上战场。最强壮、最敏捷、最狡诈的个体可以免战，明日再上场。观众反对也没用，世道本就是残酷的……最弱小、最愚笨的个体不得不负隅顽抗。最顽强、最机灵的个体，也就是那些最适应当下环境，其他方面却资质平平的个体，成了幸存者。活着本就是一场旷日持久的自由搏斗，除了有限且短暂的家庭关系外，霍布斯[①]说的人各为敌的战争状态才是正常的生存状态。

有时，普通潜鸟和某些物种可能符合上述“角斗士”的设定。大多数情况下，动物之间的权力争夺远比“达尔文的斗牛犬”描绘的还要错综复杂，还要值得玩味，需要它们不断地评估自己与环境。在争夺与稳固权力的斗争中，细致入微的评估行为是一种潜在的强大工具。在天寒地冻的冬季，加拿大的驯鹿为了权力，不惜花费大量时间和精力，评估竞争对手的实力。爱尔兰海滩上的寄居蟹，南美洲的慈鲷，新英格兰的

---

① 托马斯·霍布斯（Thomas Hobbes, 1588—1679），英国政治家、哲学家，他提出人类的自然状态是“一切人反对一切人的战争”，即人各为敌，互相残杀。——译者注

盾蛛，新奥尔良的泥蜂，法国南部的云雀，皆是如此。

让我们将视线转向加拿大，一起观赏驯鹿之间的"雪坑保卫战"，那将是一个了解动物如何评估对手实力的好起点。

*

拉克－皮卡巴（Lac-Pikauba）[①] 是加拿大的一个无建制领地，那里有一个名为 Grands-Jardins 的国家级自然保护区，在法语里意为"大花园"。西里尔·巴雷特（Cyrille Barrette）曾在该保护区研究北美林地驯鹿（学名：*Rangifer tarandus*）[②]。当气温降至零下49摄氏度时，它们会"懒懒地站着，一动不动"。一旦天气回暖，气温上升至零下20摄氏度左右，相对暖和些，权力斗争也会随之升温。

"大花园"内小径交错，绵延30千米，苔原广布，四周环绕着落叶林、北方森林、泰加林，是熊、驼鹿、狐狸、豪猪、狼、猞猁、枞树鸡等物种的栖息地，境内山峰耸立，站在天鹅湖山（Mont du Lac-des-Cygnes）、巨臂山（Mont du Gros-Bras）、熊山（Mont de l'Ours）的山顶上，能够将整个保护区的美景尽收眼底，东面25千米外的夏洛瓦陨石坑（Charlevoix meteor crater）也一览无余。

今天生活在"大花园"里的驯鹿其实是后来迁入的种群。100多年前，那里曾遍地可见成群的驯鹿。后来，人类的乱捕滥猎，导致加拿大各地

---

① Lac-Pikauba 意为"皮卡巴湖"，与该地区最大的一座湖同名，该湖的名字 Pikauba 来源于蒙塔格奈语中的 Opikopau，意为"桤木环绕的湖"。——译者注

② 驯鹿在北美的俗称是 caribou，在欧洲的俗称是 reindeer。——译者注

的驯鹿数量锐减，濒临灭绝。20世纪60年代末，为了恢复驯鹿种群，加拿大实施大规模的重新引入计划，将一群驯鹿从其他地方引入"大花园"。70年代末，政府设立了研究"大花园"驯鹿种群的专项资金，巴雷特抓住了这个难得的机会。到了他去"大花园"开展研究之时，那里的150头驯鹿已经全是在当地野外出生的"移二代"。[3]

巴雷特曾研究过鹿科的动物，对它们也算颇有了解，他的博士毕业论文就是关于赤麂 [学名：*Muntiacus muntjac*，俗称"吠鹿"（barking deer）] 的。对赤麂的研究给了巴雷特很大的信心。他相信驯鹿将会是一个很好的研究对象，能够让我们窥见雄性鹿权力动态，以及乏人问津的雌性鹿权力动态——在所有鹿科动物中，只有驯鹿的雌性和雄性一样，也会长角[4]。

1980年和1981年的秋天，巴雷特和同事丹尼斯·范达尔（Denis Vandal）从魁北克省（Quebec）的拉瓦尔大学出发，沿着138号公路往北行驶，紧贴着东面的圣劳伦斯河（Saint Lawrence River）逶迤而行，跨越150千米来到"大花园"，住进一座小木屋里，以它为家，一直住到来年的4月。每天，光是从木屋到驯鹿群居之地，就将他们折腾得够呛。到了冬天，他们每天都得骑雪地摩托车，在雪地里跋涉一小时，才能到达驯鹿悠然漫步的空旷地带。巴雷特和范达尔并不胖，两人共骑一辆雪地摩托车绰绰有余。不过，巴雷特回忆道："在这种天气下，万一被困在离木屋15千米外的地方，麻烦可就大了，即使你有雪地靴，也难以徒步走回去。为了安全起见，我们总是骑两辆摩托车出去。"

一旦找到要研究的鹿群，他们就会停下，化作"望鹿石"，在冰天雪地里站上一整天（那里地处偏远，连一处简陋的野外观测站或遮蔽所都没有），对着手持录音机描述他们看到的驯鹿活动。很快，他们就认识了鹿群的每个成员。冬天，"大花园"的驯鹿主要以地衣为食，但是地衣全埋在冰雪下，这可就难办了。对于研究权力动态的动物行为学家来说，这反而是"天助我也"的好事。"大多数时候，它们都在埋头找吃的，"巴雷特说，"冬天想在积雪1.5米深的雪地里找到想吃的地衣，可得下一番苦功夫。它们大部分时间都在雪地里刨坑，想方设法地挖地衣吃（或者休息）……这为社群互动创造了完美的条件……它们经常在雪坑前互相驱赶。"

研究初期，巴雷特和范达尔详细地记录了驯鹿在"权力中心"（雪坑前）的互动，对它们的行为感到极为震撼，忍不住有一种感觉——驯鹿似乎会评估自己与对手在鹿角大小上的差距，并据此见机行事。经过436个小时的观察与记录，事实证明他们的直觉是对的：当两头驯鹿相争时，在这个过程中，它们确实会评估竞争对手。殊死决斗鲜少发生（仅6次），角斗（用鹿角打斗）却是家常便饭。他们总共观察了11640次社会互动，其中有3500次发生在雪坑边上，约37%的雪坑互动发生在两个雄性个体之间，并涉及角斗。两头雄性鹿对好犄角，以此拉开战局序幕，接着用犄角推抵、扭打。一旦角斗完，两头雄性鹿就会收"角"，不会发生正面的身体冲撞（真正的决斗就会）。其中一头雄性鹿默默后退，离开觊觎的雪坑，以此结束竞争。[5]

如果驯鹿事先对彼此一无所知，不知道对方的体形与自己相差多少，也不知道对方的战斗力如何，它们可能会先来一轮角斗，试探对方的身手，以此为审己量敌的途径。在这种情况下，巴雷特和范达尔猜测，双方挑起角斗的概率将各占一半，即一半的角斗由体形较小的驯鹿挑起，一半的角斗由体形较大的驯鹿挑起。后来，他们观察到的实际情况证明，这一猜想是对的。另一个猜想是，主动结束战斗的通常是体形较小的一方，实际情况也是如此：90% 的对抗以体形较小的雄性鹿认输结束，此类对抗大多只持续30秒。不过，体形并不代表一切：如果一方比另一方年轻许多，那么更年轻的雄性鹿几乎总是斗输的一方，即使它的鹿角更大。这表明，除了鹿角大小之外，驯鹿还会考虑其他因素，但是目前尚不清楚其他因素是什么，也不清楚驯鹿是如何评估它们的。[6]

巴雷特和范达尔对雌性鹿争斗也格外感兴趣。为什么驯鹿是唯一一种雌性也会长角的鹿，雌性驯鹿是如何进化出角来的呢？这是两个极其复杂的问题。2017年，科研人员测定了驯鹿的基因全序列，并将它的基因组序列与其他鹿科成员进行对比，为第二个问题提供了一些线索——主要与激素有关。原来，驯鹿体内的一个基因突变增加了一个额外的受体结合位点，使雌性驯鹿能够产生有利于鹿角生长的少量雄性激素。[7]

雌性驯鹿的鹿角得到了自然选择的青睐，背后的原因与权力密不可分。巴雷特和范达尔采集到了110次雌雄雪坑之争的角斗数据，双雌相争的场面则相对少见些。在雌雄对抗中，无论是雄性鹿主动接近雌性鹿的雪坑，还是雌性鹿主动接近雄性鹿的雪坑，最终吃亏的总是雌性鹿。在84% 的雌雄争夺中，雄性鹿在结束角斗后成为"坑主"（无论这坑是它亲自刨的，还是从雌性鹿那里抢来的）。不过，多亏了鹿角的存在，雌性鹿并非每次都必输无疑。"角斗"顾名思义是用鹿角打斗，理论上战斗双方都应该有鹿角。在12月底至第二年1月初的这段时间，雄性鹿的角会自然脱落，而雌性鹿的角却还完好无缺，一直等到6月初，分娩的旺季来了，才开始脱落。当雄性鹿头上光秃秃的，而雌性鹿头上的角还在时，风水轮流转：雌性鹿就成了在雪坑争夺战中无往不利的一方。"一旦雄性鹿失去了角，"巴雷特直白地说，"它就失去了社会地位。"[8]

我们很容易陷入这样的误区，以为只有脑门大、块头大、毛茸茸的生物，才具备对权力格局进行综合评估的能力，无脊椎动物不可能做出这么策略性的行为。事实上，不是只有雪坑前的庞然大物才需要评估对手和环境。即使是潮池中的寄居蟹，也懂得审己量敌。

*

在本哈德寄居蟹（学名：*Pagurus Bernhardus*）① 的世界里，除了寻找配偶之外，没有什么比找到一个心仪的"好房子"并搬进去住更重要的了。与大多数寄居蟹一样，本哈德寄居蟹的头胸部钙化较强，腹部却是柔软的，不利于躲避敌害。为此，它们找了一个补救的方法。"你找不到一只不背螺壳的寄居蟹，"从20世纪70年代便开始研究这些小家伙的罗伯特·埃尔伍德（Robert Elwood）说，"没有螺壳，它们就无法在自然界中生存。"螺壳不仅能帮助它们抵御捕食者，还能充当"缓冲区"，抵御盐度变化，防止身体脱水。

不过，并不是什么螺壳都可以，它们也有好坏之分：壳太小，遇到敌害，就没有足够的空间避险；壳太大，背着它到处跑就太费劲了。有时，寄居蟹会意外地捡到一个闲置的腹足动物外壳，开心地搬进去住。这个壳可能是前"房东"去世后留下的遗物，也有可能是前"房东"长大了住不下才舍弃的。极少数情况下，有的寄居蟹特别走运，偶遇一只负伤的腹足动物。寄居蟹顿时心生歹念，杀死对方，抢走其外壳，占为己有。在寄居蟹眼中，别人家的螺壳总是更好，跟"国外的月亮更圆"是同样

---

① 　一种欧洲大西洋沿岸常见的海寄居蟹，又称"普通寄居蟹"或"兵蟹"。——译者注

的心理，不过每只蟹都会不遗余力地保卫自家的"房子"。对于"崇洋媚外"的寄居蟹来说，只要让它看到比自家更好的螺壳，不管这个螺壳是不是空的，是不是已经有了主人，都不重要，重要的是怎么把这个螺壳抢过来。如果能抢到一个更适合它的螺壳，拥有更多生长空间，它就能长得更大只，繁殖机会也更多。这么一想，寄居蟹的权力之争大多围绕着珍贵的"蟹背上的房子"展开，也就不足为奇了。[9]

20世纪70年代末，埃尔伍德在英国雷丁大学攻读本科学位，其间做了一个小项目，与寄居蟹有了第一次亲密接触，对它们的"房子争夺战"深深着迷。随着本科学业的结束，他与寄居蟹的缘分也暂告一段落。后来，他在家乡北爱尔兰（Northern Ireland）的贝尔法斯特大学找到了一份教职，并开始物色当地的研究对象。"我问了一圈，"他回忆道，"最后听说在大约1个小时车程以外的地方，有一片1英里（约1.6千米）长的海滩，是寄居蟹的理想栖息地……我随时都可以去那里（抓寄居蟹），1个小时就能抓到100只。"就这样，他与寄居蟹再续前缘。

他四处搜寻，从一个潮池到另一个潮池，很快就在一个小池子里发现一群寄居蟹，在岩石和水草之间窜来窜去。在凉爽的日子里，想找到它们特别容易。接下来，他要做的就是用小铲子将它们舀起来，倒入盛有海水的桶里，带回学校的新实验室。通过最初的几次捕蟹之行，他已经知道寄居蟹是研究权力动态的好对象，因为光是在潮池中捉它们的那一会儿工夫，还有在水桶里，他就免费观看了几十场蟹斗。第一次"捕蟹"时，他带着两岁大的女儿一起去海边。他还记得，她曾低头盯着其中一只桶，说："坏蟹蟹，不准打架！"桶中的寄居蟹打得不亦乐乎，充耳不闻这位小道德标兵的训斥。

雌性寄居蟹会将卵抱在腹部孵育一段时间，埃尔伍德认为这会令权力与螺壳的争夺更错综复杂，因此他选择以研究雄性寄居蟹为主。他先从雄性寄居蟹的"看房标准"入手，试图揣摩它们喜欢什么类型的螺壳。雄性寄居蟹看上去很挑剔，永远不满足于现有的"房子"，但是埃尔伍德其实看出来了，北黄玉黍螺（学名：*Littorina obtusata*）的壳是它们的最爱。他将寄居蟹比作展厅里的汽车爱好者，即使刚买下一辆车，也仍会贪心地留意更好的车。"无论你给了一只寄居蟹多少个螺壳，"埃尔伍德说，"……你以为它已经有了一个不错的螺壳（该知足了），可它一看到别的螺壳，仍会两眼发光，（不由自主地）凑上去打量。"

　　埃尔伍德早期做的螺壳偏好研究是一系列选择实验，并不涉及寄居蟹之间的权力争斗。除了摸清它们"朝三暮四"的属性，幽默地将它们比作"汽车爱好者"外，埃尔伍德还想探究它们如何评判一个螺壳的价值。基于早期研究积累的经验，他给特定大小的寄居蟹预估了最适合它们的螺壳，以该壳为最高质量标准，设计了一个全新的实验，实验中设置了两组螺壳，一组是无蟹居住的空壳（质量分两档，一档为最高质量的25%，另一档为100%），另一组是有蟹居住的非空壳（质量分四档，分别为最高质量的25%、50%、70%、100%）。为了让每只寄居蟹都搬进实验选用的非空壳，埃尔伍德想了个妙招，将它们逼出现居的老窝。他笑道："我们用油画笔刷去挠它们的肚子，它们立马跳了出来，弃房而逃。"它们一钻出来，就被赶到合适的新居里。接下来，他用泥土堵住一个空壳的入口，这么做的设想是，如果寄居蟹认为被堵住的空壳比它当前分配到的螺壳好，它就会花更多心思，绕过埃尔伍德设置的重重阻碍，想方设法搬进质量更好的螺壳里。后来，不出所料，它果然这么干了。[10]

　　真正将埃尔伍德推向权力动态研究的，是他读到的布莱恩·哈兹利特（Brian Hazlett）写的一篇论文。在那篇简短的文章中，哈兹利特称寄居蟹会为了螺壳谈判。不过，后来的研究显示，寄居蟹的所作所为并不是谈判。埃尔伍德与同事开展了一系列实验，揭示了寄居蟹围绕着螺壳之争铺展开来的引人入胜的权力动态。[11]

为了"抢房子"，寄居蟹花招百出，不仅会突然逼近对手，战术性后退，还会用钳子夹住对手，爬到对手的背上，钻入对手的螺壳中，抱住对手的螺壳使劲来回摇晃，敲打对手的螺壳（用腹部肌肉和步足顶起自己的螺壳，敲击对手的壳）。埃尔伍德在一旁津津有味地观战，还找来一支麦克风，用橡胶套（其实是一只避孕套）密封好，放入水中收音，为的是测量声压，这是检测撞击力道的一个指标。

关于敲壳大战，埃尔伍德收集了各种数据，包括总共发生了多少次敲壳战斗，每次敲壳战斗持续了多久，两次敲壳战斗间隔多长时间，每次敲壳的力度有多大。最后一条可能是最重要的，因为寄居蟹可以靠它衡量进攻者的力量。埃尔伍德发现，如果进攻者一直敲下去，敲到防守者扛不住了，决定放弃时，它就会释放屈服的信号，只是埃尔伍德并不清楚，它是如何释放这一信号的。总之，一旦防守者表示屈服，进攻者就会抓住被它征服的对手，将它从壳里拽出来，无情地甩到边上去，接着钻进战败者的壳中，到处看一遍。一开始，它会抓住旧壳不放，万一验完新壳后，发现"搬家"是个错误的决定，至少还有个"备胎"。当然，这种乌龙事件很少发生。"只有当（进攻者）打定主意了，"埃尔伍德说，"它才会（带着新壳）离去，让光溜溜的防守者捡走（它的旧壳）。"

埃尔伍德和芭芭拉·道茨（Barbara Dowds）写了一篇题为"螺壳战"（"Shell Wars"）的论文，其中提到了他们早期做的一项权力实验，该实验对比了寄居蟹在四种不同情景下的行为。寄居蟹有大有小，有的被放进最受喜爱的北黄玉黍螺壳中，有的被放进较小的海螺壳中。

在其中两个实验组中，每只寄居蟹的居住条件都一样，要么全都分配到较好的壳（北黄玉黍螺壳），要么全都分配到较差的壳（海螺壳），大个子即使跑去抢小个子的壳，也抢不到任何好处。另外两个实验组则有趣多了，大个子和小个子组成一对，其中一对的大个子分配到较好的壳，小个子分配到较差的壳；另一对的大个子分配到较差的壳，小个子分配到较好的壳。为了记录即将到来的争夺战，他们还找来一个古怪的装置，上面有一些按键，不同按键对应不同行为。然后，他们跟战地记者似的，按照寄居蟹的行为按下对应的键，孜孜不倦地记录螺壳战的全过程。

在他们看来，寄居蟹不仅会评估彼此的体形和力量，还会对比螺壳的好坏。在93%的试验中，更强壮的大个子是主动发起攻击的一方，这一比例远远高于不会评估体形和力量的物种。另外，当大个子分配到差螺壳，小个子分配到好螺壳时，75%的大个子会驱逐小个子，强抢小个子的螺壳，从而置换一个更好的"房子"（还是一座可以背着到处跑的"移动别墅"），这也许是攻防双方综合评估体形、力量、螺壳后的结果。当大个子分配到好螺壳，小个子分配到差螺壳时，只有3.6%的小个子会被驱逐。[12]

螺壳战非常耗体力，因为战斗双方要不停地抱打、攀爬、刺探、摇晃、敲击、驱赶。埃尔伍德和同事马克·布里法（Mark Briffa）要探究的，是寄居蟹在打斗中要付出多大的能量成本。对于进攻者而言，它的体内会堆积大量乳酸，乳酸是能量代谢的中间产物，进攻者敲打螺壳的次数越多，堆积的乳酸就越多。防守者的能量成本则较为匪夷所思：进攻者的敲打力度越小，防守者使用的能量反而越多，即将更多肌糖原转化为葡萄糖，从而为肌肉提供更多能量。令埃尔伍德和布里法感到疑惑的是，当来犯的进攻者较弱时，为什么防守者消耗的能量反而更多？虽然他们的数据无法直接回答这个问题，但是他们推测，当防守者感知到进攻者的实力相对较弱，自己有较大的胜算保住螺壳时，它会更卖力地防守。在它看来，在这种情况下投入更多能量是值得的。反过来说，如果进攻者的胜算很大，防守者将再多的糖原转化为葡萄糖也是杯水车薪，无济于事，它就会省点力气，留着肌糖原，日后再用。[13]

*

　　埃尔伍德与同事在研究寄居蟹权力动态的同时，其他动物行为学家则在构建并测试各种模型，力图反映量敌的作用。当时，没人觉得这些模型能和核战争沾上边。事实证明，他们的格局还是不够大。

　　"我读过（关于）'鹰鸽博弈'（的文章）。我还记得，当时我心里想的是，动物们可不是这么战斗的，"斯德哥尔摩大学的马格努斯·恩奎斯特（Magnus Enquist）说，"它们掌握的信息多多了。后来我意识到，它们的做法很像统计分析，（随着时间的推移）不断提高预测的准确度。"他认为动物行为学领域缺少一个基于评估的模型，一个足以反映动物如何衡量权力的模型。恩奎斯特从三岁起就热爱探索大自然，但是进入大学后，他选择了以数学为本科专业，从中积累了一些数学建模的经验。1979年，恩奎斯特开始搭建他认为缺失的模型，将其纳入他在斯德哥尔摩大学的博士学位论文。在搭建模型时，他并非孤军奋战，而是与另一位博士联手，对方名叫奥洛夫·莱玛尔（Olof Leimar），以理论物理学为研究方向。恩奎斯特说："当时，物理学留给后人研究的问题既少又难。"

因此，看到莱玛尔这么感兴趣，愿意将他的建模技能应用于生物学领域，恩奎斯特一点也不意外。

史密斯和普赖斯将政治学和数理经济学的模型引入动物行为学领域，对它们加以修改后，于1973年提出了"鹰鸽博弈"模型。当恩奎斯特与莱玛尔决定合作时，动物行为学领域的数学建模尝试尚处于早期阶段。因此，两人同样借鉴了其他领域的工具，来建立自己的模型。他们借鉴的是保险数学的模型，这听上去可能很奇怪，因为保险数学与动物行为学似乎毫不相干，实则不然。恩奎斯特和莱玛尔认为，统计抽样是建立权力的重要工具，而保险精算师也很倚重统计抽样。

1983年，恩奎斯特和莱玛尔发表了他们的模型，并将它命名为"序列评估模型"。该模型假定，竞争双方刚开始战斗时，对彼此的战斗力知之甚少，随着战斗的推进，它们在频频过招的同时，也在重新评估彼此的相对战斗力。该模型将战斗力评估过程类比为抽样统计过程。只考虑一个样本（仅评估战斗力一次）的话，评估结果将存在极大的误差。样本（评估次数）越多，误差率就越低，评估结果也就越可靠。

序列评估模型检验了各种程度的权力斗争，攻势从温和到猛烈不等。该模型预测，一开始竞争双方会小试身手，先使出最温和的攻击"招式"，从中收集彼此的信息，即前面所说的"采样"。收集完该招式的信息后，双方将使出下一个更狠的招式，继续收集对手及新招式的信息，直到收集完所有能收集的信息为止。就这样，它们出手越来越狠，持续收集对手信息，直至其中一方判断自己胜率太低，主动停战为止。势均力敌的竞争者需要采集更多样本，才能更好地判断彼此的相对战斗力。因此，该模型预测势均力敌者的战斗持续时间最长，且更容易升级到最危险的攻击行为。[14]

恩奎斯特和莱玛尔在构建序列评估模型的时候，与恩奎斯特同一个系（动物学系）的其他同学恰好在研究金眼短鲷（学名：*Nannacara anomala*，Nannacara 意为"小脸"）的求偶行为。这种鱼原产于苏里南（Suriname）①，从头到尾约5厘米长。恩奎斯特参观了研究金眼短鲷的同学的实验室，目的不是观察它们的求偶行为，而是观察它们的权力动态。他很满意自己看到的一切：雄性金眼短鲷在种群内形成了优势等级，并互相攻击，各种程度的攻击都有，无害的有"变色"或逼近对手，会造成伤残的有用鱼尾互殴，嘴对嘴咬，以及"转圈圈"，最后一种杀伤力最强，两条雄性鱼一边转圈互追，一边试图咬对方。当其中一方收起鱼鳍，改变颜色，以示屈服时，另一方就会停止攻势。

恩奎斯特、莱玛尔及另一组科研人员录制了102对雄性鱼的争斗过程，这些争斗具有明显的阶段性特征。在某些雄性鱼对中，双方体形不相上下，在某些雄性鱼对中，其中一方的体形更大。他们仔细分析了录像内容，发现正如序列评估模型所预测的，雄性鱼几乎总是从最温和的攻击开始，接着加大攻势，用鱼尾互击，必要时动嘴互咬，偶尔也会转圈互追。关于金眼短鲷的早期研究发现，这种鱼很擅长评估体重不对称性。在恩奎斯特等人拍摄到的争斗中，竞争双方如果体重不相上下，战线就会拉得更长。[15]

就这样，序列评估模型有了一个很好的开头。但是，当研究对象换成金眼短鲷以外的动物时，它的预测准确度能有多高？为此，恩奎斯特和莱玛尔邀请史蒂文·奥斯塔德加入他们，共同寻找这个问题的答案。

---

① 指苏里南共和国，位于南美洲北部。——译者注

*

史蒂文·奥斯塔德（Steven Austad）是美国哈佛大学有机体与进化生物学系的一名动物行为学家，他经常收到各种不同寻常的邀约。对此，他已经习以为常了。他曾用皿网蛛验证另一个与攻击行为有关的博弈论模型——"消耗战"（war of attrition）。他所用的皿网蛛学名 *Frontinella pyramitela*，俗称 bowl and doily spider，直译成中文是"碗碟蛛"。之所以这么叫，是因为皿网蛛织的主网是碗状的，底下垫着一层平面网，状似一只放在碟子上的碗。碗碟蛛体形小巧，朴实无华。奥斯塔德知道很多人关注他对这种小蜘蛛权力动态的研究，但是他怎么也想不到，有一天国际核政策研讨会会邀请他去做演讲。没错，这是真的。

该研讨会的组织者是托马斯·谢林（Thomas Schelling），他是一名经济学家，后来凭借"冲突与合作"方面的研究，获得了诺贝尔经济学奖。谢林告诉奥斯塔德，博弈论既需要在简单的社群系统中检验，也需要在复杂的社群系统中检验，他的蜘蛛社群就是前者。于是，奥斯塔德应邀前往，对着一群核武器专家介绍蜘蛛，其中大多数人对蜘蛛的认识，恐怕与他对原子弹的认识一样少。"我讲了关于蜘蛛的研究，还花了至少1/3的时间为我不应该出现在那里而道歉。他们津津有味地听完了我的演讲，"他一边大笑，一边接着说，"弄得我有点担心核战略的未来。"

奥斯塔德对序列评估模型早就有所耳闻，也知道恩奎斯特和莱玛尔曾用金眼短鲷鱼群测试过该模型。20世纪90年代初的某一天，两人从斯德哥尔摩大学打来电话，问奥斯塔德是否愿意用他的蜘蛛数据检验这个模型。当时，奥斯塔德有些犹豫。"老实说，（一开始）我并没有太当真，"奥斯塔德回忆道，"他们需要的是一台全世界计算能力最强的电脑，用它来运算他们的（数学）模型……但是，在我看来……蜘蛛世界固有的复杂计算方法是不可复制的。"想虽这么想，这件事仍旧值得一试，而且对方诚心诚意地邀请他去斯德哥尔摩大学一周，只要求重新计算他手头上已有的数据，检验该模型的一小部分，他何乐而不为呢？

　　这些数据以奥斯塔德在实验室中制造的304场碗碟蛛争斗为基础。首先，他将一只雌性碗碟蛛放入一个塑料容器，容器中有适合蛛网的基质，它一进去便开始织网。在200场争斗实验中，他将一只雄性碗碟蛛放入有雌性碗碟蛛的容器，两者完成交配后，再放入第二只雄性碗碟蛛。在另外104场争斗实验中，雌性碗碟蛛织好网后，他将两只雄性碗碟蛛同时放入容器。做完这些操作后，他坐在边上观察所有争斗，并记录雄性碗碟蛛的行为。"它们会抱住对手，"奥斯塔德描述道，"扭作一团，厮打起来。抱在一起时，它们会用颚和足锁住对手，打着打着，一方率先败下阵来，挣脱束缚，落荒而逃。"尽管这些数据不足以重复金眼短鲷的所有实验，但是至少奥斯塔德、恩奎斯特、莱玛尔三人能够用它们检验其中一项预测，即势均力敌的对手之间的战斗时间最长。"这个模型挺准的，"奥斯塔德说，"它居然能复证一切，这让我很惊讶。恩奎斯特和莱玛尔试图量化（动物如何评估彼此），我原本觉得这对蜘蛛要求太高了，没想到（这个模型的预测）那么准，真的让我很惊讶。"[16]

*

　　有时，谁控制土地，谁就掌握权力。对动物来说，权力等同于对领地的控制。自然选择更青睐在领地问题上"拎得清"的行为，比如知道谁有权进入一片领地，谁有权获得该领地内的资源。这类行为能为强者带来好处，减少反复评估领地边界的时间，对弱者也是有利的，能让它们更有"眼力见儿"，知道哪些土地已经被占了，哪些土地还是空的。

20世纪90年代初，佩里·伊森（Perri Eason）在加利福尼亚大学戴维斯分校攻读博士学位。从那时起，她就开始思索动物的权力动态，以及战术上的防御能力，后者被她称为"战术可防御性"（tactical defensibility）。当时，她的博士学位论文写的是秘鲁的红顶蜡嘴鹀（学名：*Paroaria gularis*）的社群行为。"湖边散布着成对的红顶蜡嘴鹀，"伊森回忆道，"虽然样本量不大，但是在我看来，那些鸟似乎以地标为界，这激发了我研究边界的兴趣。后来的20年里，这股兴趣不曾消退……但是在野外很难找到完美的样本。"1994年，一个难得的机会出现了。有一天，她在路易斯安那大学门罗分校的办公室里的电话响了，电话那头的女士希望生物系能派一个人去她家，研究她院子里的泥蜂。虽然泥蜂不是伊森专攻的领域，但是电话那头的声音"很温柔"，"我有点替她难过，因为她听上去很孤单……为了安慰她，我说我会去看一看她家的泥蜂"。

到了对方家中后，她看到了500只杀蝉泥蜂（学名：*Sphecius speciosus*），"每只都在她的院子里捍卫领地……那画面实在太疯狂了……我站在院子里，一时玩心大起，捡起树上掉落的树枝，扔了过去，想看它们会做何反应，结果有两只雄性泥蜂立马飞到树枝边上，各守一边，捍卫己方领地。它们似乎很渴望边界，以此划分势力范围"。很快，伊森便在这个修剪整齐的院子里做起了实验，院子的主人非常高兴。"我想，她真正高兴的是，终于有人对她的泥蜂感兴趣了，"伊森说，"而且觉得她的泥蜂很酷……她每天都会弄柠檬水给我喝。"

伊森先是将院子改造成一个网格，每隔1米就在地上插一个带绿色标记的小木桩，接着捉了62只杀蝉泥蜂，麻痹它们，用瓷漆在它们的腹部留下独特的颜色标记，然后监测泥蜂的追逐和巡逻行为，绘制它们在草地上已经确立的领地范围。最后还去了一趟五金店，买了30根木钉，将它们随机插在院子里，观察杀蝉泥蜂是否会"征用"这些木钉，以它们为领地标记。杀蝉泥蜂果然没有让她失望，30根木钉全被它们征用为"界标"。

伊森并不满足于此，她想知道为什么杀蝉泥蜂如此热衷于以地标为界，这能给它们带来什么好处。她的猜测是，地标能够减少捍卫领地的成本，因为领地边界分明，优势者就不用花那么多精力评估领地归属，处理边界争端。为了验证这一猜想，她回到新朋友的院子里，在草地上插了15对木钉，每对木钉平行插放，相距约3英尺（90厘米）。不出所料，这些木钉很快就变成了界标，诞生了15个界限分明的新领地。伊森巧妙地插放木钉，确保每个即将成为泥蜂新领地的区域都有4个相邻的领地，无论是哪个领地，它周围的4个领地中，必然有2个以木钉为界，有2个没有木钉。在这之后，伊森悠闲地坐在一旁，观察杀蝉泥蜂的反应。正如她所猜测的，在没有木钉为界的相邻领地上，杀蝉泥蜂花了更多时间和精力在打斗上。因为没有外物（木钉）可以利用，它们必须靠自己划定边界。[17]

一年后，伊森去了路易斯维尔大学，将对权力、边界、领地的兴趣带到了路易斯维尔（Louisville）①，将杀蝉泥蜂和柠檬水永远地留在了路易斯安那州（Louisiana），也留在了过去。出于种种原因，她建立了一个研究鱼类社群行为的实验室。2003年，理论家迈克尔·梅斯特顿－吉布斯（Michael Mesterton-Gibbons）和埃尔德里奇·亚当斯（Eldridge Adams）发表了一个博弈论模型，表明在特定条件下，自然选择青睐能够接受以地标为界的种群。同一年，她用刚果隆头丽鱼（学名：

---

① 美国肯塔基州下的一个城市。——译者注

Steatocranus casuarius）在实验室里对边界和地标做了早期实验，但她渴望再次到野外验证她的猜想。刚果隆头丽鱼属慈鲷科，原产于非洲。离路易斯维尔更近的地方也有不少当地的慈鲷，主要分布于尼加拉瓜 [①] 的火山口湖。因此，她和她的研究生皮尤米卡·苏里安波拉（Piyumika Suriyampola）决定去尼加拉瓜。

她们知道自己想研究的是地标和领地，问题是该以哪种慈鲷入手呢？"我就这么去了尼加拉瓜，"伊森回忆道，"心想那儿有好几种慈鲷，总有一种是合适的。"有人告诉她，有一种慈鲷会是完美的研究对象，她不记得是哪一种了，只记得她到了当地后，才发现事实并非如此。"我捉了两条（做实验），"伊森笑着说，"结果令我大失所望。"

2011年3月，她们第一次去尼加拉瓜的西洛亚湖（Lake Xiloá）。在湖里潜了几天水后，她们终于找到了心目中的完美慈鲷：橘斑娇丽鱼（学名：*Amatitlania siquia*）。两人的计划是先研究这种鱼的繁殖对 [②] 如何建立自然领地，接着再改变它们的领地，做地标实验。接下来的六天里，她们每天上午、下午都会穿上潜水装备，去湖里寻找繁殖对。每找到一对繁殖鱼，她们就会给对方五分钟的时间适应她俩的存在，接着观察它们一般在何处驱赶入侵者，然后以那里为领地边界，绘出这对鱼的领域。如果领地的边界处有明显的地标，如岩石或藻床，她们会将所有地标都记在水下写字板上。做完这些后，她们便又动身寻找下一个繁殖对。通过此类调查，她们发现地标更多的领地通常更小。在地标更少的领地上，繁殖对会将入侵者远远地驱逐出它们的家园，驱逐的距离比地标更多的

---

① 拉丁美洲国家。——译者注

② 指配对繁殖的一对动物，简称"繁殖对"。——译者注

领地远多了，也许是因为在领地主与入侵者眼中，没有地标的领地边界更模糊。

一年半后，两人再次来到西洛亚湖。这次，她们带着空啤酒罐和假植物而来，手里还有一份详尽的实验方案，想要深入探究边界在慈鲷权力斗争中的作用。她们裁掉了空罐子的上半部，以它们为繁殖巢穴，塑料做的假植物则充当地标，形状与湖中的藻类相似。有的罐子旁边放了一株假植物，有的放了四株连成一排的假植物，有的则空无一物。在24小时内，繁殖对开始围着罐子形成领地。在没有人为地标的罐子边上，慈鲷以罐子（繁殖巢穴）为中心，形成了圆形的领地。在有地标的罐子边上，不管是哪一种地标，它们形成的领地更小，并以假植物（地标）为边界，这意味着罐子（繁殖巢穴）离领地边界更近，而非位于领地中心。[18]

回想起杀蝉泥蜂和慈鲷的行为，伊森说她依然惊讶于"它们对地标的反应这么大"。"这些行为本质上是一样的……你扔一截树枝过去，杀蝉泥蜂立马以它为界，你放一块石头（或植物）在边上，慈鲷立马将它收为己用，仿佛它们都渴望某样并不存在的东西（界标）……我想，人们会惊讶于这么小的一个东西……居然对动物行为有着这么大的影响。"

*

不管有没有地标，一旦动物建立起了各自的领地，权力领域就会随之形成。邻居之间互相评估过实力，彼此知根知底。有些不老实的邻居偶尔会发起挑战，或试图抢占隔壁的领地，毕竟它们对彼此的攻击方式都了然于胸。

60多年前，英国鸟类学家詹姆斯·费希尔（James Fisher）提出，邻居之间的相熟相知本身就是一种自然选择的力量，因为邻居"在社群中建立了紧密的联结，用人类的语言来形容（这种关系）就是'亲爱的敌人'（dear enemy），或'敌对的朋友'"，这使得权力掌握者之间形成了微妙的亦敌亦友的联盟关系。由于先前已做过评估，它们会容忍"亲爱的敌人"，对它们相对友好，却不会容忍不知底细的陌生者，也不会容忍它们的试探与争夺。[19]

关于"亲爱的敌人"效应，早期研究的关注点大多在于领地主如何对待特定的邻居和陌生者，罗伯特·耶格（Robert Jaeger）的研究就是其中之一，他是纽约州立大学奥尔巴尼分校的生态学家，曾研究过红背蝾螈（学名：*Plethodon cinereus*），这种动物主要靠气味感知环境，辨认其他动物。耶格将领域性野外观察与实验室对照实验相结合，测量领地主在遇到熟悉的邻居和不熟悉的陌生者时，攻击性有何差异。结果表明，红背蝾螈攻击和咬伤陌生者的次数多过攻击和咬伤邻居的次数，咬伤部位主要为鼻突。红背蝾螈依靠嗅觉捕食，对于它们而言，鼻唇沟是很重要的部位。后续研究发现，红背蝾螈鼻子负伤后，觅食能力大不如前。其次常见的咬伤部位是尾巴，被咬住尾巴的红背蝾螈有时会自动断尾，忍痛割舍尾巴中储存的大量脂肪。

红背蝾螈将近邻当"亲爱的敌人"对待，某些物种对"亲爱的敌人"的定义可能更宽泛，从而衍生出"亲爱的社区"效应。艾洛蒂·布里费（Elodie Briefer）研究的云雀（学名：*Alauda arvensis*）就是如此，栖息于同一区域的云雀都有一个共同的纽带。

巴黎萨克雷大学离法国的奥尔赛（Orsay）很近。2005年，为了完成硕士学位论文，就读于该校的布里费第一次研究云雀的鸣声。"我想去野外观察动物的行为，"她说，"我曾做过一个关于鹦鹉的小项目，后来我找了生物声学实验室的人，问他们有没有我能做的项目，而他们正好有一个云雀项目。"该实验室的负责人是蒂埃里·奥宾（Thierry Aubin），20年前曾研究过云雀的鸣声。布里费的硕士学位论文课题成了他的云雀研究的延续。"（蒂埃里）再也没有碰过那个项目，"布里费补充道，"我想，他只是希望有人能够将它继续研究下去。"对于一个踌躇满志的硕士研究生而言，这是一个非常充分的理由，给了她很好的立足点去研究一个可能极其有趣的物种。很快，该研究进一步扩大，成为她的博士学位论文题目。

每年2月底至6月底或7月初是云雀的繁殖季节。到了云雀繁殖季节，布里费每天都会外出，观察学校附近的云雀种群，它们小巧玲珑，体长约6英寸（15厘米），体重不足2盎司（57克），集群营巢，栖息于奥尔赛附近的美丽田野上，这令布里费的野外观察工作相对轻松许多。更"贴心"的是，布里费乐呵呵地说："它们（只）在早晨9点至11点之间鸣唱，这个时间点深得我心。要是下雨了，或风太大，它们就不鸣唱……我会开着我的小车，寻几处相对安静的地方，离大马路或飞机不那么近……一旦物色到好地方，我就会每天去那里，录（云雀的鸣唱声）。"

她最初的研究重点是绘制云雀领域，破译云雀鸣声。云雀将巢筑在地面上，雄性云雀会在领地上空盘旋，这意味着布里费只要观察盘旋的雄性云雀，就能判断出它的领地范围。她还带了一个装有抛物面反射器的全向麦克风，用于收录雄性云雀在领地上空盘旋时的叫声，这些叫声通常由多个不同音节或声音组成。她会分析这些叫声的声谱图，测量每个音节的持续时间，相连音节之间的空白时间，声音序列的持续时间，"短语"（反复出现的音节组合）的各种属性。

很快，布里费就发现，云雀生活在由一小群领地组成的"社区"里，与其他社区相隔几千米远。这类社会结构并不罕见。真正不寻常的是，布里费观察了五个云雀社区，每个社区都有其独特的"方言"，布里费对方言的描述是——"在它们的鸣声中重复出现的句子"。她说："它们（句子）通常有70个音节长，同一地区的雄性云雀都会这么叫……如果你跑到2千米外，那里的鸟是不会这么叫的。你能听到相同的语音单位（音节），却听不到相同的排列组合。"

布里费还能从她的野外观察和声谱分析中明显看出，云雀对"陌生鸟的反应……比对邻居的反应更强烈"。繁殖的云雀对陌生鸟的界定似乎不是看彼此的领地是否相邻，而是看对方的方言是否与自己同属一个社区。布里费推断，这可能是"亲爱的敌人"效应在社区层面的表现：除了领地赋予的个体权力领域，其还对邻居的鸣声评估建立了一种公共权力领域。

为了验证这个猜想，布里费和同事开展了一系列录音回放实验，向一个领地主播放来自不同社区的叫声，每段叫声持续90秒。他们向雄性云雀播放了3段不同的叫声：一段是其所属社区的叫声；一段是另一社区的叫声；一段是多个社区拼接而成的叫声，其中混入了该雄性云雀所属社区的一小段叫声。她们将扬声器放在雄性云雀领地内距边界5米处的地方，观察这只雄性云雀盘旋在其领地上空时，对其他掠过其领地的雄性云雀的反应，以及它降落到扬声器附近时的行为。

观察结果印证了她最初的猜想——云雀靠方言辨别邻居和陌生鸟。如果雄性云雀听到的是其他社区（或多社区拼接）的云雀叫声，它更可能驱赶飞近其领地的雄性云雀。在地面上，如果扬声器播放的是另一社区的云雀叫声，雄鸟逼近扬声器的可能性也更大，这与驱逐前的评估行为是一致的。布里费发现，如果雄鸟听到的叫声来自同一社区，那么不管对方的领地与其相邻，还是处于社区中遥远的另一头，雄性云雀的反应都将一样。同一社区的所有成员都被视为"亲爱的敌人"，而不是陌生者。[20]

不过，云雀的权力分配并不总是遵循公共分配的原则。布里费团队发现，随着繁殖季节的变化，生态和行为环境的变化会削弱社区层面的"亲爱的敌人"效应。他们发现，2月下旬至4月中旬，忙于建立领地的雄性云雀完全不顾邻里之情，将所有邻居视为陌生鸟。到了5月中旬，随着领地的建成，雌鸟产下第一窝蛋，"亲爱的敌人"现象在社区中复苏，雄性云雀会容忍同一社区的成员，驱逐其他社区的陌生鸟。6月下旬，第二窝雏鸟孵化，雄性云雀又开始"翻脸不认人"，再次将所有邻居视为陌生鸟。对于最后一项发现，布里费起初很是困惑，后来推断这可能与幼鸟有关。6月下旬开始，幼鸟纷纷离巢，先在地上蹦蹦跳跳，接着挥翅学飞，那么多上蹿下跳的小身影，让守卫领地的雄性云雀看得眼花缭乱，加上乱蹦乱跳的幼鸟时不时越过领地边界，它们的亲鸟时刻跟在它们屁股后面到处跑，这让领地主变得更加警惕，对靠近其权力领域的云雀格外敏感。

*

在驯鹿、寄居蟹、慈鲷、蜘蛛、泥蜂、云雀的社群中，我们看到了它们如何策略性地评估权力竞争对手。在社会性动物群体中，这种评估无处不在。为了争夺和维持权力，潜在竞争对手的信息很重要。接下来我们将看到，动物收集的每一条信息都是至关重要的情报：你最近的战绩、对手最近的战绩、你是否被暗中窥视等。为了获得权力，没有什么是无关紧要的。

四 ◎ 窥与被窥

我对人性的认识越广，我对乌鸦的喜爱就越深。

若要说我有什么宗教仪式，那一定是观察这些小鸟。

路易丝·厄德里奇

《手绘鼓》

　　见过渡鸦（学名：*Corvus corax*）的人都知道这种鸟有多聪明，社会性有多强。维也纳大学的动物行为学家托马斯·布格尼亚尔（Thomas Bugnyar）就是见证者之一。在这种神奇的鸟身上，他看到了灵性，看到了社会性。那时的他并未想到，未来的自己将花大半辈子的时间，研究渡鸦的智力和社会性活动，研究这两个因素如何影响着它们的权力结构。后来，有一天，他去了下奥地利阿尔卑斯山脉。"（那里）有一个野外观测站，站里有一个人工养育渡鸦的研究小组，组里有一个人是我的朋友。"布格尼亚尔回忆道，"那些鸟给我留下了很深的印象，因为它们的行为不像鸟，更像狗和狗的幼崽。"

　　如果第一次阿尔卑斯山脉之行还不足以迷倒他，那么在那之后不久，他亲自加入渡鸦研究小组之后，其中一只渡鸦的表现则让他彻底成为渡鸦的"死忠粉"。在阿尔卑斯山脉中，他们研究的渡鸦全都成双成对地住在一起，只有一只不是这样的，因为它的"笼友"后来"越狱"了，留下它"独守空闺数月"。布格尼亚尔说："那一阵子，我每天中午吃饭都会陪它玩一会儿，想让它跟外界保持点接触。看它无聊，我还鼓励其他人多跟它互动。"

布格尼亚尔偶尔会拿出一块奶酪，给他的渡鸦朋友当零食吃。有一天，他的渡鸦朋友坐在他手臂上，他的口袋里放着一小片奶酪。他将手伸进口袋里，掏出奶酪来。"我拿出奶酪给它看，"布格尼亚尔说，"它一看到那块奶酪，就凑过去啄它，速度特别快，（吓得）我赶紧缩回手。它的速度真的很快，而且它的喙又尖又长，万一被啄到的不是奶酪，而是你的手指，你会疼死的。"当时，渡鸦直视着他的眼睛，大叫了一声"噢——！"，有几分像人类被弄痛时发出的惨叫，显然它曾听到某个倒霉的人类朋友发出这种惨叫，便学了过去。"我说，（啄）慢一点，我差点就要痛得噢噢叫了，但是你做得很好，没啄到我。"布格尼亚尔接着说，"我认为，它发出那个奇怪的叫声，是因为它以为我的反应会是'噢——！'……它在恰当的语境下使用了一个恰当的（人类的）表达……当时，它身处的社会环境中有不少人类，因此它试图（以人类的方式）理解我们之间所发生的事。受此启发，后来的我将鸣声当作一扇了解鸟类内心世界的窗。"未来，他还将逐渐意识到，这也是一扇了解渡鸦权力结构的窗。

20世纪90年代中期，布格尼亚尔开始了与渡鸦有关的博士研究工作。康拉德·洛伦茨野外观测研究站（the Konrad Lorenz Field Station）位于维也纳以东约230千米处，毗邻奥地利阿尔卑斯山脉中的阿尔姆塔尔

（Almtal），边上就是一个叫作格鲁瑙（Grünau）的村庄，幽静古朴，风景如画。对于布格尼亚尔来说，没有比那儿更风景怡人的工作场所了。它位于一座山谷之中，是当地野生动物保护区的一部分，保护区的原野上生活着狼、熊、鹿等野生动物。观测站内生活着数百只渡鸦，许多都上了环，带有独特的标记。

布格尼亚尔说："在那里，你时不时会看到一个围场。"某些围场内生活着野猪，保护员每天都会给野猪投食，但它们总是吃不干净，留下许多食物残渣，附近的渡鸦经常（不请自来地）飞过来，饱餐一顿。多亏了这一点，布格尼亚尔才知道哪里能找到渡鸦，它们通常何时光临那里。随着他出现的次数多了，渡鸦也慢慢地习惯了他的存在，允许他出现在10米以内。许多渡鸦身上都有标记，布格尼亚尔的团队能够轻松辨别它们，知道谁是谁。有些上了环的渡鸦很长情，在保护区内居留了15年，有些则放荡不羁，四处漂泊。

从研究生时代开始，布格尼亚尔每年都会回到观测站，持续开展一项跨度长达25年的研究。他经常和学生带上望远镜与录音机，观察并聆听成千上万场渡鸦之间的权力争夺。在渡鸦的社群中，权力争斗的形式有很多，包括靠近撤退（一只渡鸦因另一只渡鸦的靠近而退让）、威逼撤退（用威吓手段逼退其他渡鸦），以及真正的战斗（用锋利的喙和爪子攻击对手）。

在渡鸦眼中，布格尼亚尔等人是无关紧要的"观众"，不值得放在眼里。若是观众换作其他渡鸦，待遇可就不一样了。受到攻击的渡鸦会发出防御性的叫声，通过鸣叫达到防御作用。通过早前的研究，布格尼亚尔团队发现，这种叫声可能会勾起某些旁观者的恻隐之心，促使它们伸出援"爪"。对此，布格尼亚尔总结道："呼叫者想搬救兵，（于是用鸣叫声传递）'我落难了'的信号。"但是，他总觉得事情不会这么简单，背后一定暗藏更多玄机。"当两只渡鸦打架时，有的（被攻击者）会叫得特别凄厉……即使对方下手并不重……在我看来，它们的叫声有夸大的成分。"布格尼亚尔说，"有时，两只渡鸦打得特别凶，挨打的一方反而闷不吭声。"他不由得想到了作壁上观的渡鸦，怀疑是它们造成了这种行为差异。2010年，布格尼亚尔收到一笔名为"乌鸦政治学"的大额经费，决定带领自己手下的两名研究生——乔治娜·希普尔（Georgine Szipl）和伊娃·林格（Eva Ringler），深挖该现象的成因。[1]

他们记录下了许多渡鸦的争斗，争斗中的被攻击者都有一个共同点：在对手的威吓下被迫撤退，并发出防御性的叫声。他们不仅记录了这类鸣叫的频率和时长，还收集了出现在方圆25米的其他渡鸦的身份。经过长年累月的收集，他们建立了一个庞大的数据库，将旁观者归为两类，一类是被攻击者的亲友团，另一类是攻击者的亲友团。他们还收集了旁观者的生活史，以便了解它们与打斗方是否交往密切，是否为配偶关系，是否有过亲密行为（如理毛）。

他们发现，在权力斗争中挨打的一方，会观察现场观众的"成分"，调整防御性叫声。如果在场旁观的是潜在的盟友，比如与自己相交甚笃的亲属或"鸦友"，那么它呼叫的频率会更高。除了观众与自身的关系之外，被攻击者也会考虑其他因素，不仅会留意观众有没有可能伸出援"爪"，还会观察它们有没有可能落井下石，即站在攻击者那一边，导致局面对自己更不利。当观众曾对攻击者做过亲社会行为①时，被攻击者会保持低调，降低呼喊的频率，以免不幸的处境引起更多反方亲友的注意，

———————————

①　对行为者本身无明显好处，但对行为受体有好处的一类行为。——译者注

反倒被群殴。[2]

　　动物行为学家早已认识到，留意观众身份是动物用于攫取权力的众多手段之一。我们将发现，自然选择应该青睐擅长以各种形式搜集情报的动物，事实也正是如此。在追求权力的过程中，成为被观察的对象是一回事，观察其他个体又是另一回事，正如第一章提到的剑尾鱼所做的那样。新西兰的小蓝企鹅将向我们揭示，动物能从观察与被观察的行为中获得多少情报。不过，并非只有观察其他个体做了什么或正在做什么，才能获得重要情报。在监控自身行为的过程中，它们也能获得重要的情报，即使是无意识的监控。密歇根州的铜头蝮中的"常胜军"，以及加州田鼠和白足鼠中的"常败军"，将向读者展示这一点。

　　在步入正题之前，让我们先简单了解一下观众效应对权力的影响，这次的主角是黑猩猩。

*

　　自从硕士阶段开始研究科特迪瓦（Côte d'Ivoire）[①]丛林中的狄安娜长尾猴（学名：*Cercopithecus diana*），克劳斯·祖伯布勒（Klaus Zuberbühler）便对这种灵长类动物的权力和鸣声着了迷。2001年，他到圣安德鲁斯大学（University of St Andrews）[②]任教，以为能够延续狄安娜长尾猴研究，没想到科特迪瓦突发政变，他的学生被转移到安全地点，项目戛然而止。幸好他与爱丁堡动物园的人有合作，他们在中间

---

① 科特迪瓦是一个西非国家，在法语中的意思是"象牙海岸"。——译者注

② 圣安德鲁斯大学，始建于1413年，是英国苏格兰最古老的大学。——译者注

牵线搭桥，介绍他与灵长类动物学家弗农·雷诺兹（Vernon Reynolds）认识。雷诺兹在乌干达的布东戈森林（Budongo Forest）对黑猩猩（学名：*Pan troglodytes*）开展了长期的跟踪研究，由于他很快就要退休了，便将项目交给了祖伯布勒[3]。

自那之后，祖伯布勒团队一直在研究布东戈森林里的两个黑猩猩社群。他们雇用当地的乌干达人为野外观测的助手，每天早晨7点至下午5点，3名或4名野外助手会跟踪每个黑猩猩社群，用一台掌上电脑记录黑猩猩的行为。当祖伯布勒团队需要对黑猩猩做实验时，他们往往要面对漫长到令人麻木的等待，因为这种动物聪明灵敏，想做什么就做什么，不会配合你的实验，做出你想看到的行为。"有时，我们的人要跟踪目标动物足足一个礼拜，才能完成一次试验，"祖伯布勒笑着说，"……回报却是巨大的，一旦（野外）实验数据中浮现出（特定的）行为模式，哪怕只有一个，也能产生极大的科研价值。"

不过，他们很快就发现，黑猩猩争斗时"声势"很大，这个特点太明显了，因为不管是攻击方还是被攻击方，黑猩猩都会发出尖锐的叫声。令祖伯布勒惊讶的是，"它们或多或少会夸大攻击的程度，取决于周围有谁在观战"，就跟渡鸦一样。于是，他开始认为，观众是叫声的关键。"如果你被攻击了……（很多时候）摆脱攻击的唯一方法是将有可能扭转局势的人拉进来……如果（被攻击方的）尖叫真能引来救兵，那么附近有谁在就很重要，特别是雄性首领，如果（在附近的）是雄性首领（就更好了），因为它绝不会纵容从属者内讧。"

祖伯布勒和凯特·斯洛科姆（Kate Slocombe）分析了84场黑猩猩权力争斗，发现当攻击较为轻微时，争斗者并不会考虑是否有观众在场。当攻击较为凶猛时，如果附近有旁观者，被攻击者不仅叫得更久，也叫得更惨。不过，只有当至少一名旁观者的优势等级与攻击者相当，或者地位比攻击者高时，被攻击者才会这么叫。这种策略看上去是有效的：叫得更久、更惨的被攻击者得到了高等级旁观者的援助，对方常常会干预并制止打斗。[4]

不是只有黑猩猩和渡鸦的权力争斗会受到观众的影响。在鹌鹑（学名：*Coturnix japonica*）、海栖招潮蟹（学名：*Uca maracoani*）、斑马鱼（学名：*Danio rerio*）、五彩搏鱼（学名：*Betta splendens*）的社群中，我们也能看见观众效应的影子，尤其是在五彩搏鱼的社群中，观众效应的影响更有趣。当有其他个体在旁观战时，雄性鱼的睾酮水平将有所波动。一些研究表明，如果旁观者为雌性鱼，那么雄性鱼会做出一系列不同的行为。只有当旁观者中有雄性鱼认识的个体时，它身上才会出现这些变化。[5]

观众效应属于外在效应（extrinsic effects）的范畴。外在效应是一种与权力相关的现象，它与内在效应（如体形或体重）是相反的，包含了权力寻求者的经验与社会环境的诸多方面。除了观众或旁观者效应之外，还有两种外在效应：胜利者效应（winner effects）、失败者效应（loser effects）。胜利者效应指的是曾经战胜过的动物个体更容易战胜的一种现象，即"强者恒强"；失败者效应指的是曾经战败过的动物个体更容易战败的现象，即"弱者恒弱"。后者似乎更为普遍。为了深入理解这背后的成因，戈登·舒伊特（Gordon Schuett）等行为学家将目光转向了铜头蝮（学名：*Agkistrodon contortrix*）。[6]

*

大多数青少年都想将自家的地下室改造成游戏房，而不是当作存放抓来的数十条毒蛇的实验室，这是因为他们不像舒伊特。舒伊特是一颗冉冉升起的"新星"——未来的两栖爬行动物学家。"我小时候对毒蛇很着迷，"舒伊特说，"从15岁就开始抓响尾蛇。"没过多久，他不仅提取了响尾蛇的毒液，还饱览了主要的相关文献，全方位地认识毒蛇，这时的他还只是一名高中生。他能将地下室变成小实验室，在很大程度上要感谢他的母亲。她是一个极其忙碌的母亲，和儿子一样思想开明。

16岁时，舒伊特开始沉迷于铜头蝮的权力争斗。"雄性蛇之间的战斗令我着迷，（总想着）'要在我家的地下室里试一试（挑拨它们打架）'……瞧，我真能让它们打起来。"40年过去了，毒蛇之间的权力争斗依然令他着迷。

后来，舒伊特去了美国托莱多大学，在本科期间研究了雌性铜头蝮保存雄性铜头蝮精液的行为，因此引起了吉姆·吉林厄姆（Jim Gillingham）的注意。吉林厄姆是铜头蝮行为研究的顶尖专家之一，任教于中央密歇根大学，该校离舒伊特从小长大的地方很近。那时，他家里的地下实验室还在，舒伊特特地带吉林厄姆去参观了他的实验室。不久之后，他便开始了一个硕士研究项目，试图量化他心爱的铜头蝮的权力争斗。为了找到这些研究对象，舒伊特会在夏天傍晚下过暴雨后，到路边搜寻铜头蝮。"你只要带上一只蛇钩，或一把蛇钳，就能（逮住它）把它放进桶里。"他说完，又补了一句只有两栖爬行动物学家才会说的话，"铜头蝮相对温和无害……（它）只有大约1米长。"

铜头蝮是独居动物，仅在夏末和春季大规模群聚交尾，这正是雄性蛇争强好斗的时期。舒伊特的捕蛇时机很明智，等到了夏天快结束的时候，它们适应了中央密歇根大学的实验室环境，他也能观察它们打架了。

铜头蝮的拉丁学名直译过来意为"弯曲的鱼钩"。雄性铜头蝮打起架来，会将身子盘曲成各种你能想到的姿态，寻找最佳的发力角度，果然不虚此名。它们之间的权力争斗通常从挑衅姿态开始，包括"直立"姿态——身体前部抬离地面，还有"摇摆"姿态——蛇身来回摆动。在这之后，有的雄性蛇偶尔会在撤退前做出"藏头"动作，战胜者则紧随其后。若是光靠挑衅姿态无法分出胜负，有的雄性蛇会尝试"绞杀"，包围住对手，将其压于身下。如果它成功了，对手就会被压得死死的，身子贴住地面。如果双方都采取绞杀姿态，那么它们会缠绕在一起，收缩全身的肌肉，绑紧对方，直到其中一方胜出，另一方屈服并退却，它们才会松开。[7]

　　一开始，舒伊特躲在实验室的一道帘子后，暗中观察它们的打斗。很快，他便意识到，这是多此一举。"它们想打架就打架，想交配就交配，"他笑着说，"完全不介意有外人在。"在观察的过程中，他注意到战败者不仅退缩，而且会陷入一段消沉期，避免与任何个体发生冲突，他将这段时期称为"不应期"（refractory period）①。当时是20世纪80年代初，舒伊特通过阅读文献得知，其他物种（主要是鱼类）也有这一现象。在那些研究中，不应期通常只会持续几个小时。在他研究的蛇类中，不应期却持续了一周甚至更久。

　　在掌握了铜头蝮的全部攻击模式之后，舒伊特选择到美国怀俄明大学攻读博士学位，师从大卫·杜瓦尔（David Duvall）。为了进一步研究失败者效应，测量它对繁殖成效的影响，舒伊特做了一系列实验，在夏末的交配季节，将雄性蛇两两配对，每对雄性蛇边上放一条雌性蛇，这样的两雄一雌总共有32组。在第一次实验中，每组的两条雄性蛇近期都

---

　　① 从生理学借鉴的术语，指生物对某一刺激产生反应后，在一定时间内，即使再给予刺激，也不会再做出任何反应。——译者注

没有战败记录，但是其中一条雄性蛇比另一条体形大10%左右。在每组战斗中，获胜的都是体形更大的雄性蛇，它在获胜后，还会向雌性蛇求偶，守卫雌性蛇。第一轮战斗结束24小时后，舒伊特挑了10个胜利者，10个失败者，每个都与另一条体形相当且不曾战败的雄性蛇争斗。他发现，打赢过的雄性蛇不一定会连胜，第一轮战斗的胜利者与新对手的胜算是一样的。打输过的雄性蛇却惨淡多了，第一轮战斗的失败者从不主动挑衅新对手，而且每轮战斗都是退缩方。新对手不仅战胜了，还赢得雌性蛇的"芳心"，成为雌性蛇的守卫者。失败者战败七天后，舒伊特做了相同的实验，结果依然不变：败者恒败。

舒伊特想知道，如果他将一条最近战败过的雄性蛇与一条体形比它小的雄性蛇配对，会不会扭转颓势。虽然体形不能决定胜负，但是它能够极大地影响胜负。那么，体形上的优势能让战败的雄性蛇洗刷过去的"耻辱"吗？答案是否定的：失败者又战败了。对于铜头蝮而言，如果在权力争夺中失败一次，就意味着它将长期活在失败的阴影之下，为此付出惨重的适合度[①]代价。但是，铜头蝮的每轮交配季很短，仅持续一个月，停止追求权力一周为什么会成为适应性行为呢？有一种可能是，铜头蝮的寿命够长，暂时退出权力的争夺是值得的，毕竟来日方长，未来的某一天，转机也许会出现。"如果你参与争斗，但是输了（一次），"舒伊特说，"从理论上说，你就输掉了1/4的交配季。如果你又输了，你可能就要退出那一整季的求偶'市场'。我认为它们承受得起这一损失，毕竟它们能活25年或30年。"

在攻读博士学位期间，舒伊特曾做过一场演讲，讲的是铜头蝮的失

---

① 衡量一个个体存活和繁殖成功机会的尺度。——译者注

败者效应，后来被《纽约时报》（*New York Times*）引用了，这令他很是惊喜。不过，更令这位年轻科学家喜出望外的好事还在后头。"两周后，卡尔·萨根（Carl Edward Sagan）① 写信给我，"他愉悦地回忆道，"那封信至今仍放在我桌上。后来，他将我的研究写进了他的《被遗忘的祖先》（*Forgotten Ancestors*）一书中。"[8]

　　从铜头蝮身上，舒伊特了解了动物的权力动态。在激动之余，他忍不住思索后面的问题：失败者效应的成因是什么；在生理层面上，是什么让失败者更容易一败再败？为了找到答案，舒伊特和同事再次开展实验，将一对雄性蛇放在一条雌性蛇附近，令两雄相争，直到分出明显的胜负，再将它们分开来，抽取血样。为了进行对比，他们还设置了两个对照组：第一组只有一条雄性蛇（孤雄），他们给它抽了血；第二组有一雄一雌，他们给这组的雄性蛇也抽了血。血样分析结果显示，失败者的血浆皮质酮（一种重要的应激激素）含量明显高于胜利者或对照组中的雄性蛇。应激激素水平升高，相当于向失败者释放一个信号，暗示它们应该退出权力争夺，等待良机，来日再战。[9]

*

　　关于铜头蝮的失败者效应，凯茜·马勒（Cathy Marler）早已有所耳闻。事实上，她可以从动物行为学文献中找到许多动物的相关研究。但是胜利者效应呢？她偶尔会在一篇研究论文中看到相关描述，但是过

---

　　① 卡尔·萨根（1934—1996），美国著名天文学家、天体物理学家及科普作家。——译者注

往战绩赋予的"胜者光环"似乎很短暂。有不少数学模型显示，失败者效应比胜利者效应更容易演化或延续下去。尽管如此，马勒还是觉得少了什么。胜利者效应能够帮助动物个体判断社会环境，决定何时升级攻击。它的作用如此重要，效果却如此短暂，这在马勒看来并不合理。[10]

当马勒研读完胜利者和失败者效应的相关文献时，她已经对蜥蜴和青蛙的攻击性做了大量野外观察，对权力的激素和神经生物学基础产生了浓厚的兴趣。20世纪90年代末，她获得了威斯康星大学心理学系的终身教职，这是她人生中的第一个终身教职。当时，她正在物色一个适合在实验室里研究权力与激素的物种。在这件事上，她挺走运的。她刚到威斯康星大学时，正好有一名教授要离开。为了科研，他在学校里养了五种鼠类。他正在寻找愿意"收养"这群啮齿目动物的人，否则它们很快就会沦为"孤儿"。马勒抓住了这个机会，将它们全接手了过来。她曾希望将五个物种都投入研究，但事实证明这么做成本太高，于是她选择专注于两个物种：北美白足鼠（学名：*Peromyscus leucopus*）、加州白足鼠（学名：*Peromyscus californicus*）。

这个选择并不是随机的。马勒说："我喜欢（动物）行为的多样性。"这两类鼠亲缘关系很近，社群结构却相去甚远，即使是马勒这么喜欢多样性的人，也猜不到这一点。它们的外表与普通的田鼠极为相似，不过加州白足鼠是单配制，北美白足鼠则是多配制。与北美白足鼠相比，加州白足鼠为养育后代付出更多，它们的雄性个体对入侵者的攻击性也更强，其中一个原因可能是它们的大脑里有更多精氨酸升压素（arginine-vasopressin, AVP）的受体位点。精氨酸升压素是一种激素，会促进雄性哺乳动物的攻击行为，雌性哺乳动物则不受影响。[11]

为了更深入地挖掘 AVP 对这两类鼠的攻击性调节和权力争斗的作

用，马勒最先展开的实验之一是交换养育实验，将物种一的幼体放入物种二的巢穴中，让物种二代为抚养，对物种二的幼体也实施同样的操作。幼体长大后，如果行为与养父母如出一辙，就证明成长环境对其行为影响很深。

马勒和珍妮特·贝斯塔－梅瑞狄斯（Janet Bester-Meredith）联手开展实验，养育了24只北美白足鼠幼崽（由加州白足鼠养父母养大）和14只加州白足鼠幼崽（由北美白足鼠养父母养大）。所有幼鼠长到7个月左右大时，实验人员对它们进行了专为啮齿目动物设计的攻击性标准测试，结果显示，它们的行为普遍与养父母更像，而不是亲生父母。雄性加州白足鼠的反差最大，在北美白足鼠养父母的巢穴中长大的它们，攻击性低了很多，原因之一是交换养育遏制了AVP受体，使其所在的细胞更小且更少。这些结果表明，如果生长模式发生改变，权力之路就会改变轨迹。[12]

对白足鼠属两个物种的权力动态有了基本认识后，21世纪初马勒与几个学生合作，将目光投向了胜利者效应，开展了一项实验，每个实验组由一雌一雄组成，住在同一只笼子里，每只雄性实验对象的历史战绩不同，有的有一次战胜记录，有的有两次，有的有三次。为了让它们达成实验所需的历史战绩，研究人员往笼中放入羸弱、瘦小、不爱动的雄性个体，让雄性实验对象能够打赢对方，然后才进入正题，往笼中放入一只身强力壮的入侵者，体形大小与雄性实验对象差不多，接着坐山观"鼠"斗，并在战斗结束后抽血。

在北美白足鼠中，虽然胜利者的应激激素水平比失败者低，但是研究人员没有在它们身上看到胜利者效应。有些雄性鼠即使刚连胜三次，它们与身强力壮的入侵者对抗时的胜率也没有因此提升，它们的睾酮水平也没有出现明显的波动。与北美白足鼠相比，加州白足鼠的权力争夺更仰仗武力，因此历史战绩对加州白足鼠更重要些，但是只有当个体积累了大量获胜经验时，胜利者效应才可能发挥作用。如果一只雄性鼠只赢过一次或两次，那么当有外来雄性个体入侵其领地时，它打赢对手的概率并不会比胜绩为零的雄性鼠高。如果这只雄性鼠势如破竹，连续拿下三场胜利，那么它击退入侵者的可能性就更高。美国有一句俗语叫"第三次一定有好运"（third time's the charm），说的是凡事只要尝试三遍就很有可能会成功。在加州白足鼠身上，我们看到了这种神奇的效应，它与睾酮含量密切相关——当雄性个体连连获胜时，它的睾酮水平将随之上升。马勒与她指导的两名学生马特·福克斯杰尔（Matt Fuxjager）和伊丽莎白·贝克尔（Elizabeth Becker）一起，找到了与睾酮变化和胜利相关的脑回路。但是，胜利者效应和睾酮变化会受到战斗地点与领地归属的影响，许多与权力相关的现象都是如此。后来，福克斯杰尔和马勒曾重复同样的实验，只是将战场改为实验对象领地以外的地方，结果胜利者效应和睾酮变化便弱了许多。[13]

福克斯杰尔和马勒两人思考更多的是胜利者效应在加州白足鼠与北美白足鼠之间的差异，以及睾酮如何调控胜利者效应的发挥水平。北美白足鼠没有表现出明显的胜利者效应，这是因为它们缺乏诱发该效应的生理机制，还是说它们具备这样的生理机制，只是没有足够的睾酮来激活它？于是，他们不由得想，要是他们在实验中提高北美白足鼠的睾酮水平，使其达到胜利者效应显著的加州白足鼠的水平，结果会如何，它们身上会出现和加州白足鼠一样的胜利者效应吗？

福克斯杰尔和马勒将37只雄性北美白足鼠分成三组进行实验，一组为实验组，另外两组为对照。在实验组中，雄性鼠与体形比自己小很多的对手匹配，迅速获得三次连胜，每次胜利后都被注射睾酮。对照组一的雄性鼠连胜三次，每次注射的是生理盐水，以此验证诱发胜利者效应的是睾酮，而不是其他物质。对照组二的雄性鼠也连胜三次，没有注射任何东西。实验结果显示，连胜三次且注射睾酮的雄性北美白足鼠表现出了只在加州白足鼠身上才看到的胜利者效应。由此可见，睾酮犹如权力的"灵丹妙药"。[14]

*

舒伊特和马勒的研究为胜利者效应和失败者效应提供了新认识。在前文中，当我们探讨剑尾鱼的偷窥行为时，其实已经谈到了另一种外在效应。它将带领我们进入动物行为学家约瑟夫·华斯（Joseph Waas）的世界，随他去到新西兰的洞穴，匍匐在小蓝企鹅（学名：*Eudyptula minor*）的粪便中，观察它们的权力动态。

华斯是一名狂热的鸟类爱好者。1983年，他在祖国加拿大的特伦特大学完成本科学业，正在寻找未来的方向。"那个年代，你在新西兰随便挑一种鸟（研究），"华斯说，"都能成为其行为研究的第一人。"约翰·沃勒姆（John Warham）是企鹅生物学的先驱，他建议华斯去班克斯半岛（Banks Peninsula）的东边，研究那里的小蓝企鹅群落。"我去了……并爱上了那里的企鹅，"华斯回忆道，"它们聚居于洞穴或地洞中，是夜行性动物，看上去酷极了。于是，我开始研究它们的鸣唱曲目。"

小蓝企鹅是体形最小的企鹅，身高仅1英尺（30厘米）左右，特别可爱。不过，这些小家伙很吵。真的很吵。"有时，一波叫声才刚平息，"华斯说，"一只或两只小蓝企鹅又带头叫了起来，那声音感染力惊人，所有同类都跟着叫了起来。"他早期研究的是一个穴居群落，它们通常在洞穴的岩壁上筑巢，两巢间隔2~3米。由于这些小家伙是夜行性动物，华斯需要配合它们的作息习惯，在黄昏时分造访它们的群居地。那个时间点过去，正好能看到它们从海里捕鱼归来，一摇一摆地走回洞穴里。他会带着录音机，还有连上夜视镜的照相机，亦步亦趋地跟在小蓝企鹅屁股后面，留在它们的洞穴里，直到凌晨4点才离开，回到克里斯特彻奇（Christchurch）[①]补眠，第二天傍晚再过来，重复同样的行程。

这项工作可不轻松。"我研究的主洞穴位于奥塔内里托湾（Ōtanerito Bay），"华斯说，"它分为上、下两部分，上面的洞穴里可能居住着100只小蓝企鹅……下面的洞穴（很矮），你得趴在地上才爬得进去。这可不是什么愉快的体验，因为洞里的地面上全是干鸟粪和羽毛，混在一起，奇臭无比，太可怕了。"他戴的面罩挡住了一点点气味，但只是一点点。

除了鸣声之外，华斯对小蓝企鹅的权力动态也很感兴趣。当他趴在下面的洞穴里时，他的所见所闻无不令他着迷，同时又让他困惑。在洞里，小蓝企鹅也会打架，鸟喙对鸟喙扭打，那架势被华斯形容为"很像柔术摔跤"。他的脑子里飞快地闪过许多想法，但是他该怎么设计实验，才能证明这些想法呢？"我该怎么做？"他说，"我不能挑拨企鹅打架，所以我只能将它搁置一旁。"

在那些被鸟粪浸透的夜晚，华斯一遍又一遍地洗耳恭听雄性小蓝企鹅发出的"胜利之声"。诺贝尔生理学或医学奖得主康拉德·洛伦兹（Konrad Lorenz）是第一个描述胜利鸣声的人，他曾听过灰雁（学名：*Anser anser*）在战胜时发出独特的鸣叫。小蓝企鹅为胜利欢呼时，先是

---

① 克里斯特彻奇，新西兰第三大城市，华人简称"基督城"。——译者注

发出一个高亢的吸气声，接着是粗犷的呼气声，有点像野猪的吭气声，两种声音交替重复。不过，最让华斯印象深刻的，不是它们多变的叫声，而是叫声的情境。争斗结束时，胜利的小蓝企鹅通常会挺直身板，霸气地伸出脚蹼，"用力地发出（胜利的）叫声，战败者则垂着脑袋，灰溜溜地走掉或跑开……离胜利者远远的"。有时，你可能会听到更洪亮的"二重唱"：如果雄性小蓝企鹅的巢中有雌性鸟在，雌性鸟偶尔也会跟着一起叫。[15]

　　华斯知道，仔细聆听这些胜利之音的，不止他一个。除了刚输给叫声主人的雄性个体之外，其他小蓝企鹅显然也打开了耳朵，仔细聆听权力的呼唤。华斯不知道的是，它们为何偷听其他个体的叫声，它们又将如何处理偷听到的信息。华斯依然无法做让小蓝企鹅打斗的动物实验，即使他有办法怂恿它们打架，他也不想那么做。这时，他想到了也许可以借助鸣声回放实验，操纵小蓝企鹅听到的声音，从而研究它们之间的权力动态与窃听效应。由于他当时研究的群落住在同一个大洞穴里，里头乱哄哄的，无法操纵哪只企鹅听到哪个鸣声，于是他去了附近的另一个群落，那里的小蓝企鹅全都"独门独户"地住在外面的地洞中。

　　这个穴居群落的栖息地是一个农场，农场主人是弗朗西斯·赫普斯（Francis Helps）和希琳·赫普斯（Shireen Helps），他们与华斯是好朋友。"他们是经营替代农业的农场主，"华斯解释道，"他们做了许多努力，维持农场里的这一块生境，保护（小蓝企鹅的）群落。"此外，他们还做了一些在动物行为学家看来与保护生境同等重要的事："他们给所有小蓝企鹅都上了环，因此我们可以知道许多个体的年龄和性别。他们还挖了地洞……小蓝企鹅似乎更喜欢（他们挖的洞）。"所有人工地洞都一样大，长35厘米、宽30厘米、深20厘米。不久之前，华斯还匍匐在一个嘈杂混乱的洞穴中，无法做任何关于权力动态和窃听效应的鸣声回放实验。当他辗转到另一个群落的栖息地时，他仿佛来到了一个美丽的新世界，突然就拥有了完美的实验环境，每只小蓝企鹅都带有标记，住在一模一样的地洞里，他只要放几个扬声器，就能操纵小蓝企鹅听到的声音，他希望谁听到什么，它就会听到什么。于是，他与新西兰怀卡托大学的兽医研究生索尔维格·穆泰德（Solveig Mouterde）合作，按照这个思路开展实验。

在一篇论文中，华斯将赫普斯夫妇列为共同作者，不仅因为他们在小蓝企鹅保护方面的先见之明，还因为他们对科研的大力支持（他们让穆泰德在研究期间住在农场里）。在这篇论文中，华斯的团队详细地介绍了整个实验。他们的研究对象是26只雄性小蓝企鹅和16只雌性小蓝企鹅，它们留在各自的人工地洞里孵蛋（雄性小蓝企鹅和雌性小蓝企鹅都会参与孵蛋），配偶则在大海里觅食。华斯的团队小心翼翼地从洞里取出企鹅蛋，放入孵化器中，然后将人造的假企鹅蛋放进去。假蛋中有传感器，能够记录小蓝企鹅的脉搏，间接地获得心率数据。当晚，他们在每个地洞5米外的地方放了一个扬声器，播放其他小蓝企鹅的声音，先是播放打斗时的鸣声，接着播放打斗结束后的鸣声，有的听到的是胜利者的鸣声，有的听到的是失败者的鸣声。他们还在地洞旁边放了一支麦克风，收录实验对象听到上述叫声后的反应。

当雄性实验对象听到的是胜利者的鸣声时，与典型的心率基线相比，它们的心率上升了至少30次/秒；当它们听到的是失败者的鸣声时，它们的心率并没有多少波动。由此可知，当周围有优势个体存在时，"窃听者"的内心更紧张，表现也更为谨慎。相反地，若它们听到的是失败者的叫声，它们则更有可能回应对方的叫声，先入为主地将对方视为更弱的潜在对手。在雌性小蓝企鹅那边，不管它们听到的是胜利者还是失败者的叫声，它们的心率都会上升，却不会回应任何一方的叫声，这表明听到同类打斗的声音令它们不安，但它们并不想掺和雄性小蓝企鹅的战斗。[16]

*

通过窃听效应和观众效应（其次是胜利者效应和失败者效应），我们知道了竞争对手与其他个体的交集是极其重要的情报。然而，这些效应无一不将其他个体影射为权力道路上的阻碍。事实上，为了获取权力和其他利益，动物们有时也会放下敌意，用友好的眼光看待彼此，结成攻守同盟。

五 ◎ 攻守同盟

除非与强大的境外势力结盟，

否则暴君如何能高枕无忧地治国呢？

莎士比亚

《亨利六世下篇》

（第三幕 第三场）

　　通往权力的道路可能崎岖不平，险象环生。拉帮结派，与盟友并肩作战，更有可能抵达终点。话虽如此，但笼络他人可不容易，社交智力得够高才行。

　　动物行为学家所说的"社交智力"（social intelligence），通常是指游刃于错综复杂的社会环境中的能力，这个环境中充满了社会关系复杂的个体，个个都在竭尽全力适应环境，你我也是如此。有些学者认为，社交智力有别于一般意义上的"智力"，即满足觅食、筑巢、躲避敌害等基本生活需求的能力。许多社交智力研究主要以灵长类动物为研究对象。虽然具体情况因物种而异，但是灵长类动物的大脑普遍更大，懂得分辨亲属关系，而且很聪明，能够根据过去的社会交往情况预测未来的结果，并相应地调整行为。它们懂得收集和利用其他个体的权力信息，包括其他个体如何行使权力的信息。除此之外，灵长类动物更倾向于与那些能给它们带来最大利益的个体来往。[1]

当凯伊·霍尔坎普对照这份令人钦佩的社交能力清单，检测鬣狗是否具备同样的特征时，她居然可以在每个选项后面打钩。如前文所述，鬣狗的社群结构也很复杂。鬣狗社交智力的应用场景之一就是为夺取和维系权力而结盟。[2]

霍尔坎普在研究生时代曾看过一本编著。后来，她回想起书中的内容，才恍然大悟："哇，原来一直以来，我们都能在鬣狗身上看到它（结盟行为）。"在她看来，结盟是一种强化现状的手段。在她所研究的鬣狗中，"社群成员时刻都在讨好更高等级的个体……很多联盟都是（如此）"。

霍尔坎普团队决定深入研究鬣狗联盟的权力动态。在鬣狗营地里开展调查时，他们观察了12000次攻击性互动，其中约14%的互动涉及联手反抗第三方的联盟行动。通常情况下，一个个体先下场，发起攻击性互动。一旦缠斗开始，它的盟友就会加入，支援它。两只雌性成体的联合是最常见的联盟，但是联合的目的是什么，它们能从结盟中得到什么好处？为了找到答案，霍尔坎普选择先从最直观的利益（资源）入手，但是她找不到任何有利的证据表明成为联盟的一员更容易获得食物。相反地，她发现雌性鬣狗将大部分攻击转向优势等级比它低的盟友。因此，正如她最初推测的，结盟的目的是巩固权力现状。尽管如此，联盟成员偶尔也会发动"政变"。鬣狗社群的权力结构一般很稳定，权力地位往往是"世袭"的——母亲可以将地位传给女儿。有时，局部的权力序位可能被颠覆，某个个体出人意料地逆袭上位（至少出乎霍尔坎普的意料）。

后来发现，政变的始作俑者通常是联盟的新成员，它们一加入联盟，就
伙同盟友，挑战比自己地位高的雌性鬣狗，最后往往都能得逞。

　　结盟的另一个好处是提高动物行为学家所称的"广义适合度"
（inclusive fitness），因为盟友之间往往是有血缘关系的。传统的广义适
合度是以后代数量来度量的，由于互有血缘关系的亲属携带同样的基因
变异，广义适合度不仅会计算个体自身生殖的后代数量，还会将其亲属
在其帮助之下生殖的后代一并计入，它以盟友身份提供的帮助也算。实
际情况比这里所说的更复杂，但是我提到广义适合度只是想表达，与亲
属结盟能为鬣狗带来某种间接的遗传"回扣"。[3]

*

　　社交手腕好的并非只有鬣狗。渡鸦也是"社交大师"之一。它们和
鬣狗一样，将社交天赋用于拉帮结派，而且懂得物尽其用。托马斯·布
格尼亚尔注意到，"当两只渡鸦互为对方梳羽，或一起嬉戏玩耍时，（偶
尔）会有第三只渡鸦插一脚，打断它们"。布格尼亚尔与同事曾在康拉
德·洛伦茨野外观测研究站收集过一组数据，从中注意到在他们观察的
564对互动亲密的渡鸦中，有18%的渡鸦曾受到外部第三方的干扰。大
多数时候，第三方会粗暴地打断它们，行为具有明显的攻击性。在25%
的情况下，它会粗暴地挤到两只渡鸦中间，强行分开它们。虽然打断别
人并非零风险，有时闯入者甚至会挨揍，但是在大约一半的情况下，这
种干扰都很有用，因为它打断了鸦友的互动，妨碍它们联络感情。

　　布格尼亚尔知道，渡鸦会监控同一社群其他个体的优势等级。他和
团队讨论了这些行为，认为这是嫉妒心作祟："如果你的朋友跟其他人交

往甚密，你可能心生嫉妒，忍不住拆散它们。"但是，当他们深入分析数据时，他们发现并不是这么一回事。分析结果清楚地显示，干预其他渡鸦互动的总是高等级个体。关于干预行为，下一章会再详述，但是在联盟的情境下，我们需要知道的是，高等级个体通常很少干预联盟成员之间的亲社会行为，即使它们想干预，也会看对象。"它们会完全忽略亲密无间的联盟（因为挑拨离间不了），也会完全忽略关系疏远的联盟（因为没有挑拨离间的必要），"布格尼亚尔说，"专挑正在成形的联盟下手。"占优势地位的渡鸦似乎将如朝阳般冉冉升起的联盟视为自身权力的威胁——这么想是有道理的，因为每当有新联盟出现时，每个联盟成员的地位都会得到提升[4]。

在许多地方，许多物种身上，我们都能看到结盟引起的权力震荡。在陆地上，在海洋里，在天空中，我们都能看到动物结成的联盟。在澳大利亚的海湾，刚果的丛林，法国的草原，坦桑尼亚的森林，荷兰的动物园，还有其他美丽的地方，我们也能看到动物结成的联盟。研究人员正大量开展野外观察和实验研究，结合一些指导性的数学理论，积极探索结盟的原因和方法，以及它们如何塑造和改写权力结构。他们要探索的问题有许多，其中包括亲缘选择与互惠合作的重要性，以及为什么有的物种结盟的是雌性动物，有的物种结盟的是雄性动物。

*

在研究结盟行为的过程中，动物行为学家理查德·康纳（Richard Connor）发现，光看大脑与体形的比例，海豚的大脑第二大，仅次于人类。"它们的脑袋那么大，会用来做什么呢？"康纳会告诉你，这是他思索了很久的问题。"我想找一个地方，"他说，"一个能让我真正观察野生海豚及其行为的地方。"

后来，他找到了一个好机会。20世纪70年代末至80年代初，康纳在加州大学圣克鲁兹分校念本科。有一天，当地的城市规划师伊丽莎白·高文（Elizabeth Gawain）带着彩色幻灯片来到动物学系，向系里的学生展示她最近的一次澳大利亚鲨鱼湾（Shark Bay）之旅。她兴致勃勃地讲述漂亮的南宽吻海豚（学名：*Tursiops aduncus*，俗称：瓶鼻海豚），悠游于人迹罕至的海湾，等待人们去研究它。康纳曾听动物学系的学生瑞秋·斯莫尔克（Rachel Smolker）提到过这种海豚。康纳是那天观众中为数不多的本科生之一。回想起当天的情景，他说："没有哪个研究生愿意为了这个机会放下（手头上正在做的项目）跑去澳大利亚。"和他们不同，康纳很乐意放下一切，带着本科生的满腔热血和期待，跑去澳大利亚研究南宽吻海豚："我心想，那里的条件再差，能比贡贝（Gombe）差多少？……珍·古道尔（Jane Goodall）① 曾在贡贝近距离观察（黑猩猩的）社群互动。"

1982年，大学刚毕业的康纳卖掉自己收藏的古币，从探索者俱乐部（Explorers Club）② 得到一小笔资助，和斯莫尔克一起去了鲨鱼湾。它位于澳大利亚偏远的西海岸，珀斯（Perth）③ 东北方向约850千米处，离猴子米娅海滩（Monkey Mia）很近。到了那里后，两人发现他们连一艘船

---

① 珍·古道尔，英国生物学家和动物行为学家，以对坦桑尼亚贡贝国家公园黑猩猩进行异常详细和长期的研究而闻名。——译者注

② 探索者俱乐部是一家旨在促进科学探索和野外研究的协会，1904年于美国纽约成立。——译者注

③ 珀斯是澳大利亚西澳大利亚州的首府。——译者注

都没有。事实上，康纳笑着说："我们什么都没有。"他们想方设法借到了一艘小船，做了一次鲨鱼湾野外考察的初体验。到了那里后，他们看到了几百只南宽吻海豚。令人高兴的是，康纳回忆道："它们并不介意附近有人类在，我当时兴奋地在心里直欢呼。"这股兴奋劲儿激励着康纳，一路来到密歇根大学攻读博士学位，师从理查德·亚历山大（Richard Alexander）和理查德·沃兰姆（Richard Wrangham），斯莫尔克也是。密歇根大学充满了动物行为与进化的前沿知识，由生物学新兴领域的创始人物所领导，他们觉得自己仿佛进入了新知识的温床。

鲨鱼湾的研究持续了许多年，某些年只有康纳一个人在现场，某些年只有斯莫尔克一个人在，大多数时候两人都在。他们选择在猴子米娅海滩扎营搭建帐篷。一开始，从营地到红崖湾（Red Cliff Bay）或其他船只下水点并没有路。后来，那里有了一条用沥青铺成的潦草的"路"，出行才方便了一些。他们与海豚相处多久，取决于当天的海面有多平静或多汹涌。

鲨鱼湾很大（90英里 × 50英里），除了南宽吻海豚外，还栖息着大量海蛇、海龟、鲨鱼、儒艮等物种，海湾平均深度为9米。康纳和斯莫尔克的观测点水深大多在16米左右，这对海豚而言算是很浅的水域了。在那里，他们能够做其他地方做不到的观察。起初，他们乘坐的是斯莫尔克用国家地理学会给的资金购买的一艘小艇，很快便升级为16英尺（约4.9米）长的船。他们的船通常沿着佩伦半岛（Peron Peninsula）航行，保持在离海岸几英里以内的范围。他们手持测量图、照相机、录音机，时刻站在船舷边上朝海里看，记录数百只海豚的行为。很久以后，久到斯莫尔克已经走了，去了其他项目，而康纳还在，他的工具箱里又多了一些新设备，包括水听器、GPS坐标测绘系统，后来还多了无人机。[5]

　　久而久之，他们能够辨认海豚的性别，这并不是一件容易的事。幸运的是，当斯莫尔克坐着12英尺（约3.7米）的小艇出海时，她发现鲨鱼湾的海豚会跟在船边上"伴游"。康纳说，它们靠得那么近，"她一眼就能看到它们的性器官"。在海上度过数百个小时后，他们拍到了所有海豚的照片，并将照片编制成身份档案。康纳他们不仅能够辨认每只海豚的性别，还能通过鱼鳍和身上的疤痕辨别每只海豚的身份，那些疤痕大多是鲨鱼的"杰作"。"这就像是它们每次跃出海面呼吸，"康纳说，"身上都会有一个小小的身份标志（被我们拍下）。"这类拍照记录活动一直持续至今，1000多只海豚每只都有自己详细的身世档案，而且照片越来越多。鲨鱼湾的海豚最长能活到40多岁。今天，康纳和同事仍在鲨鱼湾收集他刚到那里时就认识的一些海豚的信息。

　　很早以前，康纳就开始收集海豚的一切信息：攻击与权力、交配行为、群体同步动作、水上发声、"拍鳍"（海豚互碰胸鳍的亲昵行为）。尽管如此，他依然举棋不定，不知道自己的博士学位论文应该专注于哪个方向，只知道南宽吻海豚是那么人见人爱，它们的社群令他着迷，是研究社群行为（包括权力）的潜在宝库。

　　到了1986年，康纳和鲨鱼湾的海豚已经很熟了，他发现性成熟的雄性海豚形成了类似联盟的伙伴关系，组团向雌性海豚求偶。"我的合作导师理查德·沃兰姆跑了过来，看到这一现象后惊呆了，"康纳说，"我至今仍记得他当时坐在船里的表情。我们看到三个各由三只海豚组成的小队……他说：'我没看错吧？同一个区域居然有三个联盟？'我说：'你没看错。'"

　　对于鲨鱼湾的海豚联盟，康纳观察得越多，对它们的结盟夺权路线就越着迷。随着时间的推移，康德、斯莫尔克及其他同事追踪观察了300

只海豚，掌握了其中20只性成熟雄性海豚形成的联盟的详细信息。他们请密歇根大学的进化与人类行为小组计算数据，并发表在《美国国家科学院院刊》（*Proceedings of the National Academy of Sciences*）上。

该论文提到雄性海豚会结盟，通常是两只，偶尔也会三只成团，追逐并"群牧"（herd）一只雌性海豚。在追逐雌性海豚的过程中，雄性海豚联盟会展示泳姿，凌空跳跃，动作惊人地同步。它们还会冲向雌性海豚，有时甚至会撞它，用尾巴打它，用嘴巴咬它，同时发出"嘭嘭"的叫声。然后，它们分散开来，有的跟在雌性海豚身后，有的守在它身侧，长时间纠缠围堵它，即所谓的"群牧"，这一过程可长达20天。有时，被群牧的雌性海豚会试图逃出雄性联盟的包围，但是成功率很低，仅为25%左右，部分原因在于雄性联盟并非胡乱作战，而是团体协作，从两侧包抄，配合默契，堵住它的所有逃跑路线。虽然康纳并不清楚被雄性海豚群牧的雌性海豚需要承受什么代价（如果有的话），不过当它们处于发情期，且附近有雄性海豚在时，它们似乎会改变空间使用模式。雄性结盟能够扩大交配机会，这就是结盟的报偿。虽然很难在海面上看到海豚交配的过程，但是康纳团队还是捕捉到了一些难得的画面。他们看到有些联盟成员爬到雌性海豚背上，而且通常是处于发情期的雌性海豚（未受孕或刚受孕）。

雄性联盟会严防死守，不让其他联盟或个体靠近它们群牧的雌性海豚，有时也会抢走和其他联盟同行的雌性海豚。康纳收集了58次群牧事件的数据，涉及9个雄性联盟，发现结盟群牧雌性海豚的雄性海豚在其他情境下也有所往来，这表明联盟成员的关系相当密切。

1990年，康纳在密歇根大学完成博士学业，随后去了马萨诸塞州的剑桥市（Cambridge），南宽吻海豚项目的非野外观察部分也随着他转移阵地。那时，他的合作导师沃兰姆也离开了密歇根大学，去哈佛大学任职。沃兰姆在鲨鱼湾看到的海豚联盟仍令他深感震撼，于是他筹措了经费，让康纳继续研究南宽吻海豚的权力与联盟。康纳及其同事年复一年地回到鲨鱼湾，密切关注海豚联盟的动态。今天，他们已经知道鲨鱼湾海豚联盟的成员之间往往互为血亲（其他海豚种群却不是这样的），而且有些鲨鱼湾海豚联盟20多年来始终站在同一条战线上。除了灵长类动物外，我们不曾听说其他物种也有这么长久的联盟关系。即使是在灵长类动物的世界里，历久弥坚的联盟也很少见。[6]

　　一个相对较新的数学工具显示，海豚联盟成员自幼便开始锻炼合作谋权的能力。大约15年前，动物行为学家开始认真研究社群网络（将社会动物联系起来的复杂网络）是如何运作的。为此，他们借鉴了用于搭建推特（Twitter）和脸书（Facebook）等社交平台的数学和计算技术，将其改造成社交网络分析工具，用于研究非人类动物，并获得了许多新发现，其中之一是识别出社群的"拱心石"个体，即与周围其他个体关系密切的核心成员，它的缺席会令整个网络大乱。该工具还计算出了一项名为"特征向量中心性"（eigenvector centrality）的指标，它不仅度量一个个体（节点）在特定网络中有多少联系者，还度量其联系者分别有多少联系者。

　　动物的社交网络可以很简单，只涉及少数个体，信息在个体之间沿着清晰且直接的路径流动，也可以很复杂，由多个重叠的子网络交织而成，许多个体嵌入其中。无论简单还是复杂，在动物社交网络中，成员之间的互动对生存和繁殖都至关重要。与食物、配偶、捕食者相关的信息在群体内部传播得有多快，取决于社会网络结构。更重要的是，对动物行为学家而言，动物的社交网络还能透露权力分布的情况。

在鲨鱼湾，南宽吻海豚的幼崽通常与母亲一起生活，到了3岁或4岁断奶时才独立。在刚出生的那几年，它们会与其他幼崽来往，建立关系。玛格丽特·斯坦顿（Margaret Stanton）和珍妮特·曼（Janet Mann）研究这些幼崽的社会网络，被它的特征向量中心性所吸引。她们跟踪观察一些海豚幼崽从出生到10岁的生活，发现特征向量中心性更高的雄性幼崽更可能成功活到10岁。结盟行为在她们的社交网络分析中是缺失的，因为这些雄性幼崽还得再过几年才性成熟，那时才可能为了繁殖结盟。不过，随着雄性幼崽越长越大，为权力结盟将日趋重要，在这样复杂的社群环境中，她们认为从小学习与同类打好关系是有好处的，能为未来的结盟之路打下良好的基础。

鲨鱼湾的海豚似乎有层出不穷的方法通过结盟获取权力。康纳说："我已经决定将我的一生完全投入对这些联盟的研究。"

鲨鱼湾海豚联盟的群牧行为间接地证明了结盟有助于提高繁殖成效，对幼崽关系的社交网络分析则揭示了为权力结盟可能带来的另一个好处。但是，正如我们前面所说的，如果有可能的话，动物行为学家更想看到的是动物结盟显著提高繁殖成效的直接证明。为此，请随我将视线转向法国南部的乡村，探索克劳迪娅·费毕生研究的卡玛格马。

*

20世纪60年代中期，克劳迪娅·费（Claudia Feh）去了法国南部。说起这次旅行，她提道："我去卡玛格（Camargue）①度假，开着车子四

---

①   卡玛格，法国南部的一个地区，也称"卡马尔格"。——译者注

处溜达……第一次看到马儿在大草原上嬉戏……心想：'真想在这个地方住下来！'"她不仅想留下来，还想研究草原上的野马——卡玛格马（学名：*Equus caballus*），那是世界上最古老的马种之一。卡玛格地区有一个野外观测站。1971年，费在站里找到了一份鸟类研究的工作。她兴奋地补充道："当然啦，我也会趁机到处观察马儿。"几年后，该野外观测站启动了卡玛格马研究项目，在其管理的300公顷牧场上放养了14匹卡玛格马。费一边攻读生物学硕士学位，一边以野外观察助理的身份参与该项目。

这个项目的野外观察任务采取48小时轮班制，完全打乱了费的生物钟。轮到她负责观测时，她需要记录马儿及其周遭环境48小时内发生的一切。她会在凌晨4点起床，骑上她的小摩托车，驶往卡玛格马群生活的牧场。牧场正中央立着一个高压电站，上面挂着"有电危险""请勿靠近"的安全警示牌。在费看来，高压电站是观察马群的绝佳地点。结果，她非但没有躲得远远的，反倒爬了上去，在15米高的地方搭了一个非法的"瞭望台"。平日里，她会坐在平台上，一手拿望远镜，一手拿录音机，先观察这匹马1小时，接着观察那匹马1小时，然后再换下一匹，每次都连着观察3小时。那时，牧场上的卡玛格马群已经壮大至94匹，所有成年卡玛格马都长着灰白色的毛，看上去朴素寡淡，但是费说"只要你跟它们朝夕相处"，就能靠鬃毛、鼻孔及其他外貌特征"辨别它们"。

该项目重在理解卡玛格马与环境之间的相互作用，而不是它们的社群行为。然而，费最感兴趣的是社群行为。因此，她在完成项目所需之余，也会自发地观察它们的行为。她估计自己花了近5000个小时，系统性地观察它们的行为，并说："整整7年，我都在观察卡玛格马，别的什么也没做。"为了理解它们的行为，她还阅读了大量动物行为学文献。有一个现象给她留下了特别深刻的印象：公马之间似乎有着某种历久弥坚的友谊，这种友谊能给它们带来回报。为了弄清楚这是如何办到的，费开始阅读与动物联盟有关的论文。她回忆道："起初我完全不曾想过要研究联盟。"没过多久，她便将二者联系了起来，将公马的友谊视为结盟夺权的一种表现。

经过10多年的观察（1976年—1987年），费仔细分析她的数据和笔记，想知道公马之间是否真的形成了联盟关系，联盟的形成需要什么条件，哪些个体加入了联盟，结盟有什么好处。她发现，公马有三种生殖策略：一是独自守卫一群母马；二是与其他公马组团，共同守卫一群母马；三是集结其他"单身汉"，组成"单身联盟"，挖其他公马的墙脚，与其他公马守卫的母马交配。一开始，大多数公马会选择独占一群"妻妾"，最后都会无可避免地走上失败的道路，转而采取其他策略。

费重点观察13匹公马，其中3匹选择了第一种生殖策略，各自守卫一群"妻妾"，多年来始终如此，其他10匹居于优势等级下层，因此倾向于两两结盟，盟友之间年龄相仿，无明显与亲属结盟的倾向，常年保持统一战线，一年四季形影相随，时常互相理毛，盟友之间并非平起平坐，而是一个地位高（优势者），一个地位低（从属者）。当有第三者接近联盟成员或该联盟的"妻妾群"时，联盟内部的两匹公马要么联合起来一致抗敌，要么优势者负责转移母马，从属者负责对付外敌，扬起前蹄，吓阻入侵者，若对方不走，就用咬或踢的方式攻击对方。

结盟是有好处的，每个成员都能获利。有的母马由联盟守护，有的母马由孤马守护，前者的幼崽死亡率低于后者。费还发现，当其他公马来犯时，最先站出来御敌的是联盟中的从属者，也就是实力较弱的一员，可想而知，它受伤的风险比盟友高，消耗的体力也更多。尽管如此，它还是能从联盟中获得一些好处，比如，与单身联盟中的公马相比，它留下的子嗣更多。有的公马曾与其他同类结盟，多年后脱离集体，自立门户，独自守卫一群"妻妾"。费仔细研究了这些改变生殖策略的公马，发现它们改变策略后的繁殖成效并不逊色于从始至终一直独自守卫"妻妾"的公马，而且不管它们先前在联盟里的地位如何，即不管是从属者还是优势者，结果都一样。这倒是出乎了费的意料。[7]

费说，她观察过的公马联盟中，有不少成员是她看着出生的。她说，看着幼年时期的卡玛格马一同玩耍，她意识到了亲密行为和交友能力对这种马的权力结构是多么重要。今天，费已经退休了，她对卡玛格马的热爱并没有随之消退。在她家附近的田野上，有24匹卡玛格马正恣意嬉戏，耕耘友谊，共逐权力。它们是最初的那14匹卡玛格马的第五代子孙。

*

在南宽吻海豚和卡玛格马的社群中，个体联合起来形成的联盟关系往往很稳固、很长久，成员之间会无条件地相互支援。雄性东非狒狒却不是这样的。为了获得更多权力，赢得雌性东非狒狒的芳心，雄性东非狒狒也会结盟，碰到危险的特殊任务，它们需要主动招募盟友，寻求援助。

东非狒狒[①]的拉丁学名是 *Papio anubis*，来源于古埃及神话中的 Anubis（阿努比斯）——一个人身狼头的死神。克雷格·帕克（Craig

---

① 因毛色似橄榄色，又称"橄榄狒狒"。——译者注

Packer）曾凭借对这种动物的研究登上美国的《纽约时报》。当年，帕克报名去坦桑尼亚研究东非狒狒时，还只是一名大学生，根本想不到被《纽约时报》报道的好事有朝一日会落到自己头上。当时，他是斯坦福大学医学预科班的学生，想去海外学习，却有些迷糊，不晓得应该满足哪些条件。他说："我有一个不成形的想法，想说可以去英国，这样就不用多学一门外语了。"那个学期，他选修了保罗·埃尔利希（Paul Ehrlich）的一门课，这位老师是一名环境生物学家，出过一本书叫《人口炸弹》（*The Population Bomb*），在当时名气很大。有一天，埃尔利希在课上分享了他的一次非洲之旅，这次分享为帕克指明了方向。"他给我们看了一张斑马的照片，"帕克回忆道，"然后用他一贯的口吻危言耸听道，'想去野外看斑马的人最好尽早过去，它们很快就要灭绝了'。"[8]

到了分享会的结尾处，一个海外留学项目的代表对学生说，斯坦福大学有一个针对本科生的新项目，参与者可以去坦桑尼亚的贡贝保护区，和珍·古道尔一起研究黑猩猩。在斑马灭绝之前，帕克很想亲眼看一看它，于是他报名了。后来，他发现这个项目在贡贝保护区有两个研究对象可选，一个是黑猩猩，另一个是东非狒狒。"从战略的眼光看，"帕克说，"我觉得申请研究东非狒狒的人应该更少，所以我选择了它，反正我只是想去非洲看斑马（让我研究什么都行）。第一批去研究东非狒狒的学生只有两个，我是其中之一。"

1972年5月至12月是帕克去贡贝保护区从事研究的第一段时期。在那段时间，他熟悉了当地的地形，除了给东非狒狒取名字，还要追踪雄性个体，记录它们的行为。每天早上出门，他都会带上纸笔，还有他自制的检查表。这项工作虽然挺难的，而且很辛苦，但是它让帕克锻炼了身体，还长了许多知识。"贡贝地形崎岖，"他说，"狒狒可能会往山上跑……从湖边跑到1000英尺（约300米）高的山上……很精神……而且（对人）很亲近……你可以在5米开外的地方观察它们。"

　　贡贝保护区的东非狒狒项目刚开始时，其他地方的研究人员已经研究各种狒狒很多年了。一开始，东非狒狒项目主要关注的是雌性个体的社群行为，并发现遗传相关性决定了关键社会关系的结构。雄性东非狒狒约50磅（22.7千克）重，直立时约2.5英尺（76厘米）高。当帕克跟踪观察雄性狒狒时，他惊讶地发现"雄性关系非常紧张……充满竞争"。东非狒狒的社群引起了他浓厚的兴趣，于是他选择去英国的萨塞克斯大学读博士，重点研究雄性东非狒狒在族群间的扩散，以及这种扩散是否减少了近亲交配的风险，以此为博士学位论文的研究方向。尽管他的博士学位论文关注的是扩散与近交，而不是攻击性，但是1974年6月至1975年5月，他第二次去贡贝保护区观察东非狒狒时，忍不住关注起雄性狒狒的结盟行为。这些雄性结盟通常是为了争夺生殖力强的雌性狒狒。

　　帕克曾调侃道，雌性狒狒"心里想什么，全都写在屁股上"。发情期（动物开始愿意接受交配的时期）刚开始时，雌性狒狒的屁股会变得水肿肥大①。令帕克意外的是，最先试图成为雌性狒狒配偶的雄性狒狒通常是从属个体。很快他就意识到，雄性狒狒对最先成为雌性配偶的对手怀有莫名的敬畏。"它可能是一只微不足道的雄性狒狒，也可能是一只平淡无奇的雄性狒狒，"帕克指出，"但是只要它守在雌性狒狒身边，其他雄性狒狒都会（恭敬地）靠边站……（因为）成为雌性狒狒的配偶，表明你有为了它与其他雄性狒狒为敌的决心。"雌性狒狒发情初期，从属者

――――――――――

① 雌性狒狒发情时，臀部呈红色，肿胀发亮，红肿得越厉害，表明繁殖竞争力越强，对雄性狒狒的吸引力就越大。——译者注

倚靠这股敬畏避开许多竞争，很快帕克就看到"半路开始杀出程咬金来（体形更大的优势个体），企图抢走雌性狒狒"。然后，他问自己，这种情况下，从属者会怎么做？他的答案是，"你会把盟友喊来，二打一。这就足以扭转乾坤了……一个小伙伴与优势者对峙，另一个小伙伴偷袭它的屁股……它就没辙了。如果两只从属者打配合，优势者是不可能以一敌二的"。

从贡贝回到萨塞克斯大学后，帕克前去咨询约翰·梅纳德·史密斯（John Maynard Smith）的意见。他是帕克的博士学位论文指导委员会的成员之一，全世界首屈一指的进化生物学家。当帕克走进史密斯的办公室时，史密斯正跟从犹他大学过来访学的里克·查诺夫（Ric Charnov）聊天，查诺夫是正在进化生物学领域崭露头角的学术新星。帕克回忆起当时的情形，说："他们问：'这次有什么神奇的发现？'"听到这个问题，他想当然地以为两人最好奇的是东非狒狒如何避免近交，毕竟这是他博士学位论文的题目。于是，他"投其所好"，从近交开始讲起。"他们说：'对，没错，但那又怎样？这太明显了，它们当然会那么做啦！有什么意想不到的收获吗？或者困惑？'"于是，帕克将雄性联盟的现象说给他们听。两个从属者联合起来，不仅是为了帮助一方获得交配权，也是为了未来的互相帮衬，"求助的一方获得帮助，下一次援助方有需要时，也会寻求被援助方的帮助"。两人一听，立马来了兴致。

当时，动物之间的互助在动物行为学领域是一个热门话题，这要归功于几年前罗伯特·特里弗斯（Robert Trivers）发表的一篇题为《互惠利他行为的进化》（"The Evolution of Reciprocal Altruism"）的论文。特里弗斯在论文中阐述了互惠利他行为在什么情况下会为自然选择所保留，预测具有优势等级关系的长寿物种更可能保留这种行为，并指出"战斗援助"（aid in combat）可能是互惠现象的应用场景之一。东非狒狒正是特里弗斯形容的那种物种。当时，还没有人曾系统性地验证特里弗斯的模型。史密斯和查诺夫兴奋地认为，帕克也许可以在权力与联盟形成的情境下做此验证。于是，大受鼓舞的帕克将注意力转向互惠现象对东非狒狒权力结构的作用上。他仔细浏览1100个小时的观察记录，从中拼凑出东非狒狒权力动态的图景。

帕克发现，当一个从属者试图推翻某个雌性狒狒身边的优势者时，它可能会先做出一系列招募盟友的典型行为，比如，快速切换视线，目光在它想要拉拢的助手与它想要袭击的目标之间迅速地来回切换。超过75%的招募行为最终成功地促成了联盟的形成，这些联盟也让从属者受益匪浅。在大约1/3的案例中，从属者联盟成功拆散了优势者与雌性狒狒，招募方（发起招募的从属者）成了雌性狒狒的新配偶。

加入联盟中，协助盟友赶走占优势地位的雄性狒狒，这么做其实很危险，因为在与优势者争斗的过程中，它们随时都有可能负伤。因此，帕克推断如果成为雌性配偶的总是主动发起招募的一方，那么招募方肯定要补偿被招募方，否则以后就没有小伙伴愿意积极地响应招募了，这种行为就会被自然选择淘汰。那天，在史密斯的办公室里，帕克对史密斯和查诺夫说："它们（联盟成员）有种在轮流帮对方的感觉。"多年后，帕克发表了详尽的分析，证明确有其事。他发现，雄性狒狒对招募的响应率与它招募盟友的成功率是正相关的，这呼应了轮流互助的现象，但是还不足以直接证明它。后来，帕克又仔细检查了18只雄性狒狒的盟友选择，观察每只雄性狒狒为了打败优势者最常招募的对象是谁，他把这个对象称为"最佳盟友"。假设有两只雄性狒狒，一只是甲，另一只是乙，甲是乙的最佳盟友。帕克发现，几乎在所有情况下，乙也是甲最常招募的对象。这显然表明，互惠是结盟夺权不可或缺的一部分。[9]

　　招募伙伴并形成联盟的是居于从属地位、权力低下的雄性狒狒，这与目前的动物联盟进化理论文献的观点相一致，虽然这方面的文献并不多。过去的50年里，动物行为学家一直在收集与联盟有关的经验性证据，但是理论方面的发展一直落于其后，而且这种状态仍会持续下去。两名理论家，麦克·梅斯特顿－吉本斯（Mike Mesterton-Gibbons）和汤姆·谢拉特（Tom Sherratt），一直想要改变现状。为此，他们构建了一个博弈论模型，想知道哪些条件有利于联盟的形成。为了让这个模型尽可能简单（如果你看过它的数学公式，你可能会对"简单"二字产生怀疑），他们一开始只考虑涉及三个个体的"三雄体"，其中两个个体可能会为了对抗第三个个体而结盟（也可能不结盟）。

　　在这个模型中，吉本斯和谢拉特还创造了"实力值"这个指标，它可能反映在体形大小上。每个个体都有自己的实力值，不同小组的实力值分布有所不同。在某些小组中，个体间的实力差距较大，有的很强，有的很弱；在某些小组中，个体间的实力差距较小，它们有强有弱，但是差异很小，没有那么悬殊。

　　该模型还考虑了实力（包括个体的实力及其所属联盟的实力）映射到资源获取概率的不同模式上。在某些情况下，实力是一个很好的预测胜利的指标。在其他情况下，它又显得不那么牢靠。与所有数学模型一样，该模型也提出了许多假设，作为权力与联盟演化的起点。其中，一个假设是，在一个三雄体中，每个个体只知自己的实力，不知其他个体的实力；另一个假设是，假如发生战斗，加入联盟是有代价的，加入战斗也是有代价的。

　　吉本斯和谢拉特想要寻找的答案有很多，其中之一是在追求权力的过程中，哪些条件有利于联盟的形成。他们发现，当加入联盟的代价（比如负伤）很低时，形成联盟的可能性更高，这是显而易见的。更有趣的一个发现是，当个体间的实力差距很大时，比如，一个实力很强，另一个实力很弱，形成联盟的可能性也很高。在战斗力悬殊的情况下，该模型预测更强大的优势个体将选择单打独斗，更弱小的从属个体将选择抱团作战。这一条预测与东非狒狒是最相关的，因为贡贝的东非狒狒就是这么做的。[10]

*

　　无论是灵长类还是其他物种，没有哪个动物联盟的知名度能够胜过阿纳姆（Arnhem）①动物园的黑猩猩联盟。它能如此广为人知，全都要归功于弗朗斯·德瓦尔（Frans de Waal）的畅销书《黑猩猩的政治》（*Chimpanzee Politics*），该书详细地描述了阿纳姆黑猩猩种群在1975年—1981年的明争暗斗。从阿姆斯特丹出发，往东南方向驱车一小时左右就能抵达阿纳姆，那里生活着一大群黑猩猩，它们就是德瓦尔书中的主角。在阿纳姆建立黑猩猩种群，是安东·冯·胡夫（Anton von Hooff）的主意。1971年，黑猩猩园区正式对外开放，著名动物行为学家德斯蒙德·莫里斯（Desmond Morris）主持了开园典礼，典礼四周如德瓦尔所写的，围满了"衣着得体的'裸猿'"，此处的"裸猿"②其实是莫里斯一本书的书名。[11]

---

① 阿纳姆，荷兰东部城市。——译者注
② 莫里斯将人类称为"裸猿"（Naked Apes）。——译者注

德瓦尔刚开始研究黑猩猩的那几年，阿纳姆黑猩猩种群只有4只成年雄性黑猩猩，9只成年雌性黑猩猩，4只年轻雌性黑猩猩，6只青少年黑猩猩，6只更年幼的幼体黑猩猩。德瓦尔说，普通人只看到"一群黑色的猩猩跑来跑去"，分不清它们谁是谁，"但是在我们眼中，它们的每个行为都有意义，它们每一只我们都很熟悉"。冬天，黑猩猩会被转移到室内，4月下旬至11月下旬，它们可以去外面放风，在占地1公顷的室外围场内自由活动。德瓦尔的办公室足以俯瞰整个围场，他和研究团队里的学生经常拿着望远镜在办公室里观察黑猩猩，偶尔也会扛着一台巨大的摄影机（要有三个人才搬得动），到俯瞰围场的护城河边拍摄它们，最终收集到了数千小时的黑猩猩社群行为数据。

1975年是德瓦尔成为阿纳姆黑猩猩博士后研究员的第一年，那时黑猩猩之间相处融洽，团结友爱。"我刚到阿纳姆的时候，那里风平浪静，"他回忆道，"大家相安无事……没有什么争斗，这给了我差不多一年的时间，心无旁骛地了解每只黑猩猩。"后来，一只雄性黑猩猩为了篡位发动"政变"，结束了这平静的日子。"政治角逐逐渐浮出水面"，德瓦尔开始更密切地关注联盟的作用，以及它如何影响黑猩猩的权力结构。

德瓦尔发现，不仅雄性黑猩猩会拉帮结派，雌性黑猩猩也会，但是雄性与雌性的联盟差异颇大。雄性联盟是在攻击性互动的情境下形成的，联盟成员除了团体作战外，其他时候并不怎么往来。德瓦尔认为，雄性结盟的目的是地位，也就是说结盟能让雄性黑猩猩获得更多提升优势等级的机会。"想要成为雄性首领，黑猩猩必须依靠支持者（潜在的盟友）的力量……光凭一己之力是做不到的，"德瓦尔说，"（为了笼络盟友）它得让支持者高兴才行。"

雌性黑猩猩遇到冲突也会结盟，但是雌性的盟友关系明显不同于雄性联盟，它们最常结盟的对象是亲属和"朋友"（在联盟情境以外的日常生活中也经常有亲社会互动的个体），关系更加稳固且持久。"（雌性）朋友对彼此有着一定的忠诚度，"德瓦尔指出，"从这点来看，雌性黑猩猩更可能为了保护亲近者而结盟，而不是为了提高地位。"[12]

阿纳姆黑猩猩种群的权力动态相当复杂，每个成员都在密切关注时常爆发的权力争斗。一天早晨，两只雄性黑猩猩突然大打出手。德瓦尔说，当天下午突然"一片骚动……（所有黑猩猩）大声叫嚷，互相拥抱，弄得我一头雾水"。那天晚些时候，他后知后觉地发现："下午引发骚动的核心是两只黑猩猩，它们正是早上大打出手的那两位。我这才想到，它们也许是和好了，整个猩猩群才会雀跃不已。"

多年来，德瓦尔一再提醒动物行为学家谨慎使用他的研究理论，不能硬套到野生黑猩猩种群上。与此同时，他也越来越有信心，相信阿纳姆猩群的联盟和权力斗争的某些特征足以反映野生种群中更普遍的行为模式，至少在雄性黑猩猩身上是这样的。日本灵长类动物学家西田利贞（Toshisada Nishida）是德瓦尔的朋友，两人也曾共事过。他一直盛情邀请德瓦尔去坦桑尼亚的马哈勒山脉（Mahale Mountains），参观他在当地研究的野生黑猩猩种群。在《黑猩猩的政治》出版20年后，德瓦尔终于欣然赴约。

德瓦尔在马哈勒山脉的所见所闻表示，当地"雄性黑猩猩的行为（与阿纳姆的）基本一样，虽然它们占领的空间更大，更经常用啼叫的手段达到许多目的，但是发展盟友关系并取悦盟友这点（是一样的）"。有一个区别倒是令他眼前一亮：在阿纳姆，雄性黑猩猩不需要应对附近其他族群的威胁；在马哈勒山脉的野外，雄性黑猩猩需要应对周边的威胁，而且族群间的冲突相当激烈。

与德瓦尔笔下的阿纳姆同类相比，马哈勒山的雌性黑猩猩过着迥然不同的生活，尤其是与联盟和权力相关的部分。"雌性联盟在圈养环境下更占优势，"德瓦尔从马哈勒山脉之行中发现，"因为它们不像（野生雌性黑猩猩）那样分散于森林各处……圈养环境下的雌性黑猩猩表现出高度团结的特征，它们的权力集团也更有分量。"

*

马哈勒山脉以东750英里（约1207千米）处，坐落着刚果民主共和国的万巴野外观测站（Wamba Field Station）。在那里，德山奈帆子（Nahoko Tokuyama）看到了截然不同的权力动态和雌性联盟。倭黑猩猩（学名：*Pan paniscus*）是与黑猩猩亲缘关系最近的物种。德山在万巴观察野生的倭黑猩猩时，发现雌性倭黑猩猩不仅会结盟，而且联盟的实力很强。

万巴野外观测站的名字来源于附近的一座小村庄，站内有一项长期的野生倭黑猩猩研究项目，该项目持续了47年，至今仍在进行。2012年—2015年，德山团队密切观察代号为"P"的倭黑猩猩族群，收集了近2000小时的联盟行为数据。在那些观察的日子里，她每天凌晨4点就起床，步行1.5小时到P族群的巢域，在当地向导的协助下追踪它们。即使有向导的协助，追踪倭黑猩猩族群也很困难，因为它们一直在"挪窝"，每到一处地方都会筑新巢。

P族群的成员一般维持在25个左右。后来，它们逐渐习惯了德山的存在，允许她出现在6英尺（约1.8米）以内的地方，但是她通常会保持

20英尺（6米）左右的距离，一方面是为了自身的安全着想；另一方面是为了有更广阔的视角，方便观察整个族群的互动。她会先观察一只倭黑猩猩，接着观察下一只，每只观察5分钟，待全都观察完了再轮一遍，每天重复多轮。大多数时候，她会在随身携带的写字板上做笔记，有时也会录像。她观察到了多种攻击行为，从靠鸣声震慑对手，到冲、追、抓、踢，偶尔还会殴打对手。潜在被攻击方也采取了回避行为，比如，逃跑、哀嚎、露怯。结束一天的观察后，德山会回到野外观测站。当地的村民经常跑过来，好奇地问她关于倭黑猩猩的种种问题，以及有关日本生活的问题。

雄性倭黑猩猩比雌性倭黑猩猩大25%左右。为了保护彼此，雌性倭黑猩猩会联合起来，抵御雄性倭黑猩猩的侵犯。它们组成了108个雌性联盟，大多数联盟由2~3只雌性倭黑猩猩组成。当它们以权力集团的形式集体出动时，通常是为了吓阻、驱逐或反击骚扰其成员的雄性倭黑猩猩。这些集体行动往往很有效：在大约70%的情况下，被围攻的雄性倭黑猩猩会落荒而逃，所有联盟成员都安然无恙。这个数字远高于没有盟友的情况：当一只雌性倭黑猩猩被雄性倭黑猩猩骚扰，而周围没有盟友相助时，光凭一己之力打跑雄性倭黑猩猩的成功率就低多了。

有时，雌性联盟也会大展"雌"威。2015年，德山曾亲眼看到4只雌性倭黑猩猩围攻1只雄性首领。当时，这只雄性倭黑猩猩正伙同3个雄性盟友，骚扰1只处于发情期的雌性倭黑猩猩，雌性倭黑猩猩的3个雌性盟友突然冒了出来，毫不留情地痛殴雄性首领，将它打得只剩半条命。"后来的3个星期里，它一直不见踪影。当它再次现身时，它已经不再是雄性首领，而是一只畏惧雌性倭黑猩猩的低等级雄性倭黑猩猩。"德山说，"这次事件真的太震撼了。"[13]

*

　　无论是倭黑猩猩、黑猩猩、东非狒狒、卡玛格马、南宽吻海豚、鬣狗，还是其他物种，它们表现出的评估策略、旁观者效应、观众效应及结盟互助，都向我们展示了动物社群的复杂性，在这样复杂的环境中追逐权力，它们必须谨慎处之，步步为营。在下一章中，动物社群将展现它更为错综复杂的一面，暴露出掌权者的天性，让我们看到掌权者如何不择手段地阻止其他个体问鼎权力巅峰。

六 ◎ 巩固权力

使人腐败的不是权力，而是恐惧……

或者说是对丧失权力的恐惧。

约翰·斯坦贝克

《皮蓬四世的短暂统治》

　　史蒂夫·埃姆伦（Steve Emlen）是美国康奈尔大学的一名行为生态学教授。1973年，这位年轻教授的第一个学术假（sabbatical）[①] 马上就要到了，他打算好好利用这个假期。"我想研究复杂的社群，"埃姆伦回忆道，"想改变世界。"那时，他虽然已经研究鸟类很多年了，却还不曾亲眼见过白额蜂虎（学名：*Merops bullockoides*）。苏格兰动物行为学家希拉里·弗莱（Hillary Fry）曾在尼日利亚[②] 研究过白额蜂虎的近缘

---

　　① 美国大学教师享有的一项公休福利，每七年一次，为期一年，可用于学术研究或访问。——译者注

　　② 位于西非东南部的一个国家，全称"尼日利亚联邦共和国"。——译者注

物种。她与埃姆伦既是同事，也是好友。正是因为弗莱，埃姆伦才认为白额蜂虎可能拥有他苦苦寻觅的东西——能够改变世界的社群结构。很快，埃姆伦便与娜塔莉·迪蒙（Natalie Demong）动身前往肯尼亚的吉尔吉尔（Gilgil），那是一个位于内罗毕（Nairobi）^①西北边的小城镇，与内罗毕相距约180千米。在旅途中，两人选择去苏格兰中转，在苏格兰稍作逗留，顺道拜访弗莱。埃姆伦说："她帮了我很大的忙，让我少走了许多弯路。"

　　到了吉尔吉尔之后，埃姆伦发现那里"随处可见聚群而居的白额蜂虎"，那是一种漂亮的小鸟，羽色缤纷，翠绿色、绯红色、蔚蓝色、橙黄色、乌黑色、雪白色渐次变化，集群栖宿于崖壁之上，在壁面上凿穴为巢，穴深约1米。"我们先从老方法入手：上鸟环、采血样，"埃姆伦说，"接下来就是观察、观察、观察。"这是埃姆伦和迪蒙第一次到吉尔吉尔研究鸟类，他们在一个私人农场里找到了一群栖息于此的白额蜂虎，刚开工没多久，就遭受重挫。在两人心目中，白额蜂虎不仅是美丽的小生灵，还是研究动物行为（包括权力动态）的潜在宝矿。遗憾的是，当地人可不这么想。"我们采集到了很好的数据。有一天，一群当地人溜达了过来，想知道我们在干什么，"埃姆伦说，"我满心欢喜地展示给他们看……自以为这是在分享伟大的发现。"那一刻，他不曾停下来想过，有时，一个人会如何对待知识，取决于他及其家人的温饱水平。"几天后，我们回到那里，"埃姆伦接着说，"发现小鸟全被抓走了，沦为当地人的盘中餐。"自那以后，他便只研究纳库鲁湖国家公园（Lake Naguru National

---

　　① 肯尼亚的首都。——译者注

Park）① 保护区内的鸟群。

没过多久，埃姆伦获得了国家地理学会（National Geographic Society）的资助，还收到了古根海姆奖（Guggenheim Fellowship）的奖金，这笔奖金让他能够在肯尼亚腾出更多时间专注于科研。后来，他陆续获得了国家科学基金会（National Science Foundation）及其他机构的资助。有了这些钱，他得以将彼得·弗里格（Peter Wrege）请进组领导项目执行，还雇了许多肯尼亚人，组成一支调查队，每天去野外调查白额蜂虎。

最终，埃姆伦的团队绘制出了白额蜂虎在纳库鲁湖国家公园内各处崖壁的分布图，还给每个种群的白额蜂虎都上了环。埃姆伦有许多超大尺寸的照片，照片中是吉尔吉尔的崖壁，每个都分布着数十个洞巢。他说："每个巢穴入口都有一个编号，一个巢穴犹如一个单元房，每个单元房都有自己的地址。"他还说，"我们要收集的就是每个巢穴的进出记录。"

每个"单元房"内都住着一个庞大的家庭，常见的成员有：一对居于优势地位的繁殖鸟、这对繁殖鸟产下的后代、其他关系稍远的亲属。有的成鸟留居在巢穴中，自己不繁殖后代，而是充当亲鸟的帮手，喂养和照料新生的雏鸟。后来，埃姆伦逐渐认识到，每个"单元房"及其邻巢其实都是一个"小战区"，充斥着无休无止的权力之争，包括父子之间的权力较量。

埃姆伦的团队在崖壁附近搭了一个观鸟点并安装了百叶窗，每天至少有一名队员坐在那里，透过百叶窗的缝隙，收集大量白额蜂虎的数据。

---

① 为保护禽鸟专门建立的公园，距内罗毕约200千米，被誉为"观鸟天堂"。——译者注

说起日常的观鸟活动，埃姆伦调侃道："那些家伙（白额蜂虎）是小懒虫……你用不着早上6点就到位。它们从巢里钻出来，安静老实，三五成群，一个挨着一个，能让人感觉到它们很有社会性。"然后，它们倾巢而出，外出觅食，捕捉昆虫。几个小时后，它们捕食归来，不一会儿又飞了出去，继续寻觅蜜蜂之类的昆虫。

在繁殖季节，埃姆伦的团队每隔两天就会趁成鸟外出觅食时，将一支带有灯头的长筒观鸟镜探入巢穴，窥探洞内有多少蛋或雏鸟。"（观鸟镜）最多可探入4英尺（约1.2米），"他说，"……从鸟蛋上方探入，不会不小心碰到它们。我们还有一种工具，有点像夹子。当雏鸟长得够大时，我们会用工具将它们夹出来，称一称体重。"在那段日子里，队员每隔一天还会手持录像机，在成鸟觅食归来后，用观鸟镜观察各自负责的"单元房"内的动静，记录巢中的日常琐碎，比如，谁离巢了，谁归巢了，有没有衔食归来，谁和谁打架了。"我们在暗中观察公寓中的每户人家，"埃姆伦形容道，"就像希区柯克的电影《后窗》（*Rear Window*）里演的那样。不过，巢穴里发生的事比电影里演的精彩多了。"

随着越来越多数据到手，两个现象逐渐浮出水面。第一，帮手鸟通常会辅助与其存在亲缘关系的繁殖鸟抚育后代，后者大多为前者的双亲。第二，帮手鸟的贡献极大地影响了雏鸟的成活率。爬行动物和哺乳动物捕食者经常给其他鸟类带去"灭顶之灾"，由于白额蜂虎在峭壁上凿洞而居，且洞深1米甚至1米以上，其雏鸟的居住环境相对安全多了，较少受到捕食者的侵扰。在这种情况下，对白额蜂虎来说，帮手鸟的最大贡献不是护巢，而是育雏。这种贡献在饥饿是雏鸟主要死因的社群中显得尤为珍贵，因为一只成鸟的协助，能让亲鸟的生殖力提高近一倍。"我所知道的其他合作繁殖的鸟类中，"埃姆伦说，"没有哪类鸟的助手能对雏鸟的成活率产生如此大的影响。"

大多数帮手鸟是"单身汉",尚未尝试"娶妻生子",或屡次尝试无果。少数帮手鸟找到了配偶,建了鸟巢准备自组家庭,眼看着成功近在咫尺,却突然被卷入诡异的权力争斗中,功亏一篑。临近产卵,雌性鸟会坐在巢中,由雄性鸟负责供应伙食。埃姆伦团队本想统计雄性鸟在此期间的递食率,却意外地发现了诡异的父子冲突。他们看到,当一只雄性鸟正递食给雌性鸟时,另一只雄性鸟经常会飞过来打断它。埃姆伦翻阅了团队多年来收集整理的"族谱",发现打断雄性鸟喂食的,几乎总是它的父亲。哥哥或爷爷偶尔也会飞来捣乱,但是最常见的罪魁祸首是比它更占优势的父亲。

这完全出乎埃姆伦的意料。通常情况下,自然选择会倾向于与亲情互帮互助的行为,尤其是协助子代的繁殖,而非阻碍它。事实上,埃姆伦比任何人都清楚这条规律。他是这方面的专家,知道亲缘关系如何潜移默化地塑造着动物的合作利他行为,但是现在他在白额蜂虎的亲鸟身上,看到如此反常的举动,这是怎么一回事?

埃姆伦和弗里格仔细分析录到的画面,发现雄性亲鸟有四大绝技破坏儿子的好事:追逐儿子、干扰儿子求偶递食、阻止儿子进入巢穴、发出乞食声骗走"儿媳"的口粮。有时,它们甚至会打"组合拳",几个招式一起上。在75%的此类"亲子互动"中,儿子最终放弃了自立门户,回到父亲的巢穴中当帮手。

埃姆伦和弗里格想知道——为什么父鸟要以这种极端的方式行使权力,为什么子鸟不采取更强硬的手段阻止父鸟的干扰?原因大致可以归结如下:如果父鸟不干扰儿子,儿子繁殖成功,那么父鸟就会有新的孙子/女;如果父鸟干扰儿子,儿子最终弃巢,回来给双亲当帮手,那么父鸟就会有更多子女。重点来了，个体与子代的亲缘度，是个体与孙代的亲缘度的两倍。经过一番亲缘度计算，埃姆伦和弗里格表示，在特定条件下，自然选择的天平确实会倒向干预子代繁殖的父鸟。子鸟那边的计算就更复杂了，结果也很不一样。由于父鸟更强大，儿子一旦反击，就会有负伤的风险，至少理论上这种风险是存在的。抛开负伤风险不谈，如果子鸟坚持留在自己的巢中，那么它可能会拥有自己的子女；如果它选择回去帮助父亲，那么它可能会帮助更多弟弟妹妹活下来。进化生物学家表示，个体与子女的亲缘度和个体与兄弟姐妹的亲缘度是一样的，即子女和兄弟姐妹一样亲，这意味着自然选择并没有给予子鸟压力，强迫它必须违抗父亲，优先选择生儿育女。于是，强大的父鸟利用了权力的不对称性，在吉尔吉尔的崖壁上制造了那些乍看之下令人匪夷所思的权力动态。[1]

　　动物有层出不穷的招数稳固权力，巩固对从属者的控制，白额蜂虎不过是其中一个例子。都柏林公园里的黇鹿有时会为了自身利益，打断从属者的争斗，不让它们有任何上位的机会。豚尾猴中的优势者会像警察一样，监督族群成员的行为。地位高的狮尾狒会抑暴扶弱，减少内讧。有的动物手握"房东"大权，强迫从属者交"住宿费"，比如，澳大利亚的壮丽细尾鹩莺，还有坦噶尼喀湖（Lake Tanganyika）①的慈鲷。

　　这些行为是如何巩固权力的，为什么它们有此奇效？这是许多动物行为学家致力于研究的热点问题。世界各地的研究团队正在探究这些行为的特征，探究为什么有的地方有，有的地方没有；为什么有的性别有，有的性别没有；为什么有时出现在亲属之间，有时又出现在陌生个体之间。

---

① 坦噶尼喀湖，非洲中部的一个淡水湖。——译者注

*

　　几百头黇鹿（学名：*Dama dama*）悠闲地漫步于凤凰公园里的草地上，它们是深受都柏林人喜爱的动物。"它们在那块土地上生活了几百年，"动物行为学家多姆纳尔·詹宁斯（Domhnall Jennings）说，"而且生活得很惬意……（当地人）对它们保护有加。"过去的25年里，詹宁斯经常造访凤凰公园，收集黇鹿的数据，重点关注它们的权力动态。他已经坚持了25年，未来仍会坚持下去。

　　凤凰公园占地1750（约7.1平方千米）英亩，约为美国纽约市中央公园的2倍，从都柏林 ① 市中心乘坐公交，只需20分钟即可到达。它的历史最早可追溯至17世纪60年代，那时的凤凰公园是一个皇家狩猎场，黇鹿被引入此地，供达官贵人狩猎消遣。1747年，狩猎场被改造成公园，供老百姓游憩，黇鹿仍栖息于园内，并未迁徙至他处，未来的272年一直如此。

　　有一天，詹宁斯碰到了汤姆·海登（Tom Hayden）。当时，他正领导一个长期的研究项目，研究对象是凤凰公园的黇鹿。詹宁斯正在考虑读博，想以对抗和攻击为研究方向。海登说黇鹿可能会有他感兴趣的东西，建议他研究这种动物。"事情就是这么巧，"詹宁斯说，"我在路上偶遇贵人，从此走上了读博的道路……（变化来得太快）像龙卷风……9月的某一天，我正愁眉苦脸的，不知道该做什么……隔天就有人告诉我去凤凰公园收集数据。"

　　在准备博士学位论文时，詹宁斯决定专注于两头雄性鹿之间的攻击

---

　　① 爱尔兰共和国的首都。——译者注

性对抗，尤其是在10月中旬的发情期，也叫"交配季"。当时，凤凰公园里有750头黇鹿，大多佩戴着身份识别标签，有些还没有佩戴标签，但是光看鹿角形状和毛发标志，也能一眼认出来。詹宁斯会在日出前到达公园，一边用望远镜观察鹿群，一边做笔记。有时，他还会带上一台老摄像机。"是那种比较大的VHS磁带摄像机，"詹宁斯描述道，"我还会带一个电池包（绑在腰上）……在凤凰公园里到处跑。那地方可大了，我每天都要走好几英里。"

随着时间的推移，詹宁斯的团队越来越大，设备也越来越多。刚开始，他们用无线电联络，用望远镜观测，后来还用上了智能手机的录音和录像功能，时刻保持联系，尽可能覆盖公园的每个角落，记录哪里发生了雄性鹿之间的两两对抗，附近有多少雌性鹿围观，等等。在公园里研究动物行为有一定的不便之处。有时，他们不得不暂停手头上的工作，处理突发情况。"（我曾见到）一个男人捡起两根树枝，像疯子一样跑来跑去，"詹宁斯回忆道，"我对他说：'别那么做！'"更糟糕的是，有时詹宁斯或团队里的人不得不停下来，告诫路人不要投喂黇鹿，以免让它们失去对人类的戒心。一旦它们失去戒心，就会不再避开人类，詹宁斯担心迟早有一天，"某只魁梧的雄性鹿会攻击游客"。

詹宁斯、海登及其同事分析了他们在1996年—1997年录下的近200场对抗，发现雄性鹿之间的权力动态极为微妙。"一头（雄性鹿）会走向另一头，轻轻地将它顶开。"詹宁斯说，"有时，它甚至不用碰它（就能制止它）。"有些对抗方式包括"并排行步"，即两头雄性鹿并排缓步行走，鹿角通常抬得高高的，身上毛发竖起，并发出吼叫。马鹿会根据从并排行走中收集到的对手信息，决定是否应该升级冲突，采取更危险的对抗行为。詹宁斯发现，他所研究的黇鹿并不是这样的。

　　两只黇鹿在争夺权力时，一旦出现密集的身体接触，局势就会变得异常紧张，且瞬息万变。它们会缠住对方的鹿角，使劲推对方，逼对方后退。有时，只要一方连连后退，胜负便已分晓。这时，双方会松开鹿角，处于下风的一方默默撤退，另一方要么任由它安静地退场，要么继续追逐它一会儿。最激烈、最危险的对抗行为是詹宁斯及其同事所称的"跳跃撞击"，采取这一姿态的雄性鹿会垂下鹿角，要么靠后腿站立，用上半身的力量去撞击对手；要么身体完全腾空（纵身一跃），用全身的力量去撞击对手。这类攻击的杀伤力很大，有时，跳跃撞击会导致鹿角断裂，甚至颅骨受损。[2]

　　黇鹿的双雄权力对抗一直是詹宁斯的研究重点之一。在他完成博士研究几年后，他开始怀疑自己是不是遗漏了雄性鹿权力斗争中的关键部分。两头雄性鹿相争，附近不可能没有观众，二者谁胜谁负，可能关乎旁观者的利益，尤其是地位比它们高的雄性鹿。詹宁斯开始钻研文献，并逐渐意识到地位高的雄性鹿完全有干涉其他个体竞争的动机。他记得自己曾经亲眼看到过几次干预，他们的录像带中记录着的可能更多，只是被他忽视了而已。于是，他决定"拨乱反正"，将以前为了完成博士学位论文而收集的录像带和笔记翻了出来，仔细寻找与干预现象相关的线索。

　　詹宁斯发现，约有10%的双雄对抗被第三方插足，第三方通常以两种方式介入。"它可能快得让人来不及反应，'砰'的一声就发生了。"詹宁斯说，两头雄性鹿可能正在搏斗，其中一头冷不丁"被第三头120千克重的雄性鹿撞飞出去，在空中翻了几个跟斗"。不过，第三方的干预行为大多不会这么极端或危险。"大多数时候，两头雄性鹿相争时，"他接着说，"第三头雄性鹿只会朝它们走过去……争斗的两头雄性鹿开始并排行步，第三头雄性鹿紧随其后。"最后，第三头雄性鹿可能掉头离开，也可能强行介入，缠住其中一头雄性鹿的角，猛地将它推开，或者跳起来撞它，以此打断它们的对抗，迫使双方偃旗息鼓。

詹宁斯及其同事注意到，一个地区处于发情期的雌性鹿数量越多，雄性鹿干预对抗的次数就越多。但是，詹宁斯他们并未找到直接的线索显示干预的次数越多，当日交配的次数就越多。既然如此，雄性鹿为什么要大费周章地插手其他成员的事呢？为了找到这个问题的答案，詹宁斯拿了我几年前发表的"胜利者效应"与"干预行为"模型做测试。目前，还没有研究人员直接在黇鹿种群中验证胜利者效应，但是已经有不少间接证据表明，它们的种群中也存在这一现象。在我提出的模型中，干预者只有一个目的：破坏两只雄性个体的对抗。为此，它会随机挑对象下手，只要达到目的就行，不会针对特定个体。从理论上说，如果干预行为能够阻止其他个体连胜，使其无法威胁到干预者的地位，那么这个行为就会受到自然选择的青睐。因此，我的模型预测，高等级个体会是经常"多管闲事"的干预者，虽然任何等级的个体或多或少都会这么做。

詹宁斯得到的数据与该模型相一致：高等级雄性鹿最有可能成为干预者，而且等级越高，干预越频繁。此外，在干预者眼中，对抗双方都一样，它并不会刻意针对某一方。一旦干预者插手了，就总有一个"倒霉鬼"要承受它的推搡或冲撞，但是并没有任何证据显示，这个"倒霉鬼"是谁取决于对抗双方的体形差距、等级高低或与干预者的友好度。为了终止战斗，遏制"胜利者效应"，其中一方将承受额外的袭击，这个对象将随机产生。最后，战斗不了了之，对抗双方谁也没有赢，胜利者效应还没成形，便夭折了——这便是干预者的收益。在黇鹿的社群中，这一收益表现得更为明显，因为当战斗被迫终止时，被干预者并没有获胜，这将导致它们未来更容易陷入胜负不明的战斗，战胜率越来越低，胜利者效应越来越不可能成形。干预者还有另一项收益：未来，当它不得不与其他雄性鹿对抗时，如果对方是曾受它干预的雄性鹿，那么它的胜算会更大。

詹宁斯在钻研文献时，发现许多论文只提雄性鹿干预的收益，不提被干预者的代价。在他看来，这是不合理的。他说："你投入一场战斗，将所有赌注全押上去，结果它被搅黄了，你的投资全'打水漂'了……在我看来，这里有很大的空白，需要我们去补充。"后来，他发表了一篇题为《在战斗中遭受第三方干预与求偶成功率下降的关系》（"Suffering Third-Party Intervention during Fighting Is Associated with Reduced Mating Success"）的论文，很好地填补了被干预者成本研究的空白。[3]

*

对于赤鹿而言，干预是一个好工具，可以为优势者所用。在豚尾猴（学名：*Macaca nemestrina*）的社群中，干预的表现形式有所不同，却同样耐人寻味。

在杰西卡·弗莱克（Jessica Flack）来到耶基斯国家灵长动物研究中心（Yerkes National Primate Research Center）①，开始研究豚尾猴的权力与干预之前，欧文·伯恩斯坦（Irwin Bernstein）和大井彻（Toru Oi）已经积累了丰富的野外研究经验，让人们对这种猴子的权力动态与攻击行为有了许多认识。20世纪60年代初，伯恩斯坦已经在实验室里对豚尾猴做了广泛的研究，于是决定去野外观察它们。马来西亚西海岸有

---

① 位于美国的乔治亚州，是美国七大灵长类研究中心之一。——译者注

一片热带雨林，离霹雳州（Perak）和雪兰莪州（Selangor）之间的伯南河（Bernam River）很近。伯恩斯坦来到这片热带雨林，开展最早的豚尾猴野外研究。刚到那里的他很自信，觉得自己对这种猴子很熟悉，知道如何让它们习惯他的存在。事实上，它们并不喜欢人类靠太近。当地人大量猎杀豚尾猴当食物，因此它们对人类的戒心特别重。

为了让豚尾猴习惯他的存在，伯恩斯坦想尽了一切方法。一开始，他用了一种百试百灵的老方法："一发现猴群，就定住不动。"这也是经过许多野外灵长类动物学家亲身试验的老方法。他以为，只要自己一动不动，那群猴子就会当他是块木头，继续各干各的事去。然而，他太天真了。它们并没有淡定地各干各的，而是惊慌失措地逃进了雨林深处，消失在参天的婆罗双树、正艾树、龙脑香树、印茄树之后。他尝试用食物贿赂它们，它们却不为所动，也许是因为这招被当地人用过了。后来，伯恩斯坦想了一个奇招，从当地的菜市场买了一只豚尾猴，将它训练成自己的小跟班，然后带着它再次踏入豚尾猴的领地，在"众目睽睽"之下，让20磅（9千克）重的小跟班或坐在他肩膀上，或挨着他走。这个方法果然有用。最终，他如愿以偿地观察到了他想研究的两个猴群。

经过400个小时的观察与记录，伯恩斯坦拼凑出猴群生活的全貌。他发表了几篇论文，讲述豚尾猴的迁徙时间、迁徙地点、玩耍对象、配偶喜好、取食习惯、鸣声，当然还少不了权力结构。它们的权力争夺充斥着无数追逐、威吓、攻击。在论文中，伯恩斯坦简短地提到了一些爱多管闲事的猴子，"没人请求它们支援"，它们却不请自来，自作主张地"干涉"其他猴子的战斗。遗憾的是，伯恩斯坦无法分辨每只豚尾猴的身份，因此没能描绘出更详细的权力关系，但是他为后来的研究人员打下了很好的研究基础，让大井彻能够更进一步，勾勒出完善的权力图鉴。[4]

在西苏门答腊省^①的葛林芝山（Mount Kerinci）脚下，有一片年降水量约为500厘米的热带雨林，那里是原生林和次生林（如细辛、芭蕉）的混合体，曾有许多茶叶和咖啡种植园，早已被早期荷兰殖民者遗弃。1985年1月，大井彻来到这片雨林，开始了为期两年的豚尾猴族群研究。一开始，大井彻也面临适应的难题，不过这个过程比伯恩斯坦顺利多了，因为猴子很喜欢吃他给的花生，很快就习惯了他的存在，这也给了他一个标记每只猴子的好机会。最终，他能够辨别他观察的主族群中的所有猴子，其中，26只是成猴，其余皆为幼猴。

当地豚尾猴的权力争夺包括追逐、拍打、压制（将对手压倒在地）、啃咬。雄性猴比雌性猴更占优势。基于2000多次的攻击记录，大井彻建立了两套优势等级，一套是雄性猴的，另一套是雌性猴的。在研究期间，无论是雄性猴还是雌性猴，绝大多数猴子的等级序位都很稳定。除了记录雄性猴之间的两两对抗外，大井彻还观察了"三方"互动，即有第三方插手的对抗。这位多管闲事的第三方，要么是来支援其中一方的，要么是来"劝架"的。伯恩斯坦、大井彻及其他学者的早期野外研究表明，豚尾猴的权力争斗并不简单。⁵

21世纪初，杰西卡·弗莱克还只是一名博士研究生，她的导师是弗朗斯·德瓦尔和大卫·克拉考尔（David Krakauer）。那时，她和两位导师一起在耶基斯研究中心，对84只豚尾猴做一系列实验。在实验的早期阶段，他们知道当一只豚尾猴与地位更高的个体发生冲突时，通常会采取"龇牙"的姿态，即嘴唇往回缩，露出部分牙齿。豚尾猴和其他亲缘关系很近的猕猴一样，有两种版本的龇牙姿态，一种是"有声版"（一

---

　① 印度尼西亚一级行政区，位于苏门答腊岛西部中段。——译者注

边露牙，一边鸣叫），另一种是"无声版"（露牙但不出声）。弗莱克、德瓦尔及其他学者的研究发现，两只豚尾猴争斗时，地位较低的一方如果龇牙，通常是无声版的。一旦它做出这个动作，争斗很快就会结束。[6]

当弗莱克和同事一起研究豚尾猴群的权力动态时，他们观察到了许多干预行为，干预者通常是高等级个体，它会朝争执双方靠近，或做出攻击性的姿态，对方通常会立马停止争执。干预者偶尔也会采取轻微的身体攻击，同样能够起到吓阻的作用。

这些行为引起了弗莱克极大的兴趣。于是，她和同事观察了同一猴群150多个小时，记录了447次"公正"的干预行为（这里的"公正"指的是干预者并未袒护任何一方，至少在弗莱克及其同事眼中是这样的），其中，有189次干预成功终止了争斗。插手其他猴子的争斗，并非毫无风险。在10%的干预中，被干预者奋起反抗，有时甚至会狠狠地攻击干预者，比如张嘴咬它。

不过，并非每只猴子都会多管闲事。大部分公正干预由猴群中优势等级最高的4只猴子发起。与优势等级更低的干预者相比，它们的干预行动很少受到被干预者的反抗。弗莱克不禁好奇，如果她通过实验改变权力结构，将最爱干预的成员移除掉，这对猴群会有什么影响？为了研究基因与功能之间的关系，遗传学家会做一种叫"基因敲除"（knockout）的实验，运用基因重组技术切除或替换关键DNA位点，令特定的基因功能丧失作用。如果一个性状在基因敲除后丧失功能，或者完全消失掉，就意味着该基因与该性状之间有着很强的因果关系。为了打乱豚尾猴的权力结构，弗莱克及其同事借鉴了这项技术，并将它改造成动物行为学版本的"敲除"技术。

在一项为期20周的研究中，他们随机选取一些日子，允许猴群里的所有成员自由进出室内外的围场。然后，他们每两周随机选择一天，将最经常干预他人的4只猴子里的其中3只关在室内10小时，它们被关的地方与宽敞的室外围场相连，能够看到在外头随心所欲玩耍的猴子。3只猴子在室内，其他猴子在室外，中间隔着巨大的玻璃窗，无法进行身体接触，却可以看到彼此，也可以用声音交流。被关的猴子经常坐在窗边，虽然无法直接干预外面的猴子，但是外面的猴子能够看见和听见它们，依然可能对它们的行为做出反应，仿佛它们仍是集体的一分子。

"敲除"实验取得了立竿见影的效果。随着三大干预者被隔离，室外的猴子并没有主动承担起斡旋的责任，反而是更加无法无天了，攻击行为变多了，亲社会行为（玩耍、理毛、和解等）减少了。更值得注意的是，三大干预者隔离期间，族群分裂更严重了。干预者还在时，它们会出面调解族群内的冲突，维持一个和而不同的多元化大家庭。干预者不在时，整个族群分化成了好几个互不往来的小帮派。一旦干预者被放出来，重新回到族群中，这些分裂就会消弭。下一次干预者被隔离，它们便又故态复萌。[7]

"敲除"实验的结果与弗莱克团队的观点是一致的。他们观察到，许多权力变化即使不完全是因为干预者的缺席，也至少在很大程度上是因它而起。弗莱克他们深知，这些实验结果需要谨慎解读，而且这会是一个极其复杂的过程。如果被隔离的是从不多管闲事的猴子，实验结果还会是这样吗？他们依法炮制了一个规模较小的实验，将移除对象换成了从不干预他人的低等级个体，结果发现，它们的缺席并未掀起多少波澜。虽然我们应该谨慎对待第二个实验的结果，因为它的样本量很小，只隔离了一只猴子，但是它的结果至少与前一个实验的结论相符——两个实验都显示，真正影响权力结构的是干预者。

第一项实验中还有另一个混杂因素。当弗莱克的团队移除干预者时，这些干预者同时也是优势等级高的个体。在这之后，权力结构发生了变化，但这也许不是因为干预行为消失了，而是因为高等级个体消失了，导致其他猴子的地位重新洗牌。虽然干预者只是暂时被隔离起来，族群成员依然能够看到和听到它们，但是它们有可能产生奇怪的"脑回路"，误以为干预者不再是族群的一分子，尽管弗莱克极力避免这种误会。这是另一个很难检验的假设，因为干预者往往也是优势者，她不可能在不移除优势者的情况下移除干预者。尽管如此，她依然迎难而上。为了证明权力结构的震荡是其他猴子对优势者消失后的反应，而不是对干预者消失后的反应，弗莱克及其同事将目光转向了正在形成中的不稳定的优势等级，观察那里正在上演的争斗，包括从属者主动挑战优势者的争斗，还有对抗双方互相攻击的争斗（而不是只有一方表现出攻击性），结果并没有找到任何有利的证据。[8]

总而言之，干预行为不仅对权力结构有影响，对豚尾猴的社群结构也有着直接和间接的影响。

*

干预行为以截然不同的方式影响着狮尾狒（学名：*Theropithecus gelada*）的权力结构。伊丽莎贝塔·帕拉吉（Elisabetta Palagi）、弗吉尼亚·帕兰特（Virginia Pallante）及其同事在德国莱茵（Rhine）的自然动物园（Natur zoo）里研究一个狮尾狒圈养种群，发现高等级的雌性狮尾狒经常干预正在打斗的成员。不过，它们的干预并不总是公正的，因为其出发点更多是为了帮助弱势的一方。两只狮尾狒收手后，干预者

在肯尼亚的马赛马拉野生动物保护区，一群年轻的斑鬣狗正联手攻击一只体形更大但地位更低的斑鬣狗。本图由凯特·吉田（Kate Yoshida）提供。

两只雄性伞膜乌贼为身后更娇小的雌性伞膜乌贼交配而大打出手。

本图由罗杰·汉隆提供。

在美国威斯康星州的湖泊上，两只潜鸟在为权力而斗。有时，其中一方可能会因此丧生。

本图由凯文·K. 佩珀（Kevin K. Pepper）提供。

对于澳大利亚鲨鱼湾的雄性南宽吻海豚而言，联盟是权力结构的重要组成部分之一。雄性联盟守卫着与之交配的雌性南宽吻海豚。图中所示为：一个二级联盟（左上），由两个一级联盟组成，跟在两只雌性南宽吻海豚后面；一个一级联盟（正中），守卫着一只雌性南宽吻海豚和一只幼崽；一个二级联盟（右下），由三个三雄体组成，守卫着两只雌性南宽吻海豚。

本图由西蒙·艾伦（Simon Allen）提供。

在坦噶尼喀湖边，两只雄性东非狒狒正在攻击一只更年轻的雄性首领（右一），雄性首领顽强地挡住了攻势，并将对手逼下水。

本图由克雷格·帕克提供。

乌干达伊丽莎白国家公园内的两群缟獴正在对峙。一场激烈的群体间权力大战一触即发。

本图由哈里·马歇尔（Harry Marshall）领导缟獴研究项目小组提供。

几只佛罗里达丛鸦正在"站岗",防止邻居闯入它们家族的领地。

本图由里德·鲍曼（Reed Bowman）提供。

在墨西哥一个名为"卡特马科之花"（La Flor de Catemaco）的小镇上，一只雄性鬃毛吼猴正在扫视领地边缘地带，提防邻近猴群闯入。

外来者的入侵，可能会颠覆猴群内部的权力结构。

本图由卡罗·卡瓦哈尔（Karo Carvajal）提供。

通常会坐在自己帮过的狮尾狒身边，拥抱它，帮它理毛，陪它玩耍。这么做似乎能够安抚它的情绪，因为它的抓挠行为减少了——和其他灵长类动物一样，狮尾狒一焦虑，就会抓挠自己。神奇的是，干预者还会潜移默化地影响其他成员的行为。当干预者袒护的是低等级个体时，与干预事件无关的其他个体的总攻击率会下降；当干预者袒护的是高等级个体时，情况则相反。[9]

在埃塞俄比亚的阿姆哈拉地区（Amhara Region），几百只野生狮尾狒自由自在地生活在昆迪高地（Kundi highlands）上。近来，帕拉吉去那里开展野外观察，延续她的狮尾狒研究。她很庆幸自己曾在动物园里研究过圈养种群。"到了野外，你很难（事先）知道会看到什么，"帕拉吉指出，"如果你事先（对这种动物）有所了解再来……观测就会容易许多。"她说，根据她在观测台上看到的，还有她从视频里分析到的信息，她已经有了一些发现。虽然只是一些初步的发现，但是结果令她深受鼓舞，因为她发现野生狮尾狒的行为与她在自然动物园里看到的很相似。

埃塞俄比亚的昆迪高地是研究权力动态的好地方，澳大利亚国家植物园也是，虽然原因不尽相同。

*

澳大利亚国家植物园（Australian National Botanic Gardens）位于堪培拉①，占地30英亩（约12.1公顷），园内遍植刺槐、桉树、兰花，植

---

① 澳大利亚首都。——译者注

物种类约6000种，珍稀树木多达63000棵[①]，可供游人观赏触闻。除了植物之外，这里还有其他让自然爱好者流连忘返的宝贝——壮丽细尾鹩莺（学名：*Malurus cyeneus*）。它们从喙尖至尾尖约15厘米长，体重轻到仅9克。在春末夏初的繁殖期，雄性鸟羽毛呈华丽的虹彩蓝色，配以黑色及灰褐色，喙呈橙色。雌性鸟和幼鸟则朴素多了，羽毛呈黄褐色，喙呈可爱的橙黄色，下眼圈也有一抹惹人怜爱的橙黄色。壮丽细尾鹩莺的鸟巢是圆顶形的，入口设在侧边。细尾鹩莺以植物园为栖息地。拉乌尔·米尔德（Raoul Mulder）知道，一到繁殖的季节，巢内和入口附近将会热闹非凡。[10]

　　和白额蜂虎一样，壮丽细尾鹩莺也是合作繁殖者。在一个家庭中，一对占优势的雄性鸟和雌性鸟负责繁衍子代，其他性成熟的雄性鸟推迟"终身大事"，暂不扩散，不建领地，也不找配偶，而是留在繁殖对的"产房"里，帮助它们育雏。

　　米尔德渴望更深入地了解这种鸟的求偶与交配行为。有一天，他看到雄性鸟做出一个独特的行为，立马就被吸引住了。"我开始留意雄性鸟的奇怪行为，尤其是衔花瓣的行为。它们会飞到草丛里，衔一朵明艳的金合欢花，飞去向雌性鸟炫耀，"米尔德说，"遗憾的是，这些炫耀（在当下）全都无疾而终。这可真奇怪。雄性鸟为什么那么做呢？"后来，他发现雄性鸟炫耀的对象是住在其巢域之外的雌性鸟，而且对方已经有配偶了。也就是说，衔花瓣是一种求偶炫耀行为，运气好的话，它可以为雄性鸟争取到"配偶外交配"[②]的机会。后来的基因指纹分析显示，这

---

　　① 今天的占地面积应为220英亩（约89公顷），植物种类数量也有波动，请以官网数据为准。——译者注

　　② "配偶外交配"（extra-pair copulation），指与固定配偶外的异性交配。——译者注

种鸟的雄性鸟被"戴绿帽子"的概率高得吓人：在一个鸟巢中，近75%的雏鸟不是鸟巢"男主人"亲生的。

配偶外交配产生的一个结果是：有的帮手鸟与繁殖对的亲缘关系可能很远。帮手鸟基本不会在繁殖对的巢穴中繁衍自己的子代，它们要做的是在繁殖季前期保卫巢域，还有喂养巢中的雏鸟[11]。"在一个大家庭中，优势雄性鸟的亲生子女不多，而且它为育雏出的力很少，"米尔德指出，"这让人不禁要问，这一大家子是怎么回事；为什么帮手鸟要留下来帮忙；是什么约束着它；为什么它要坚守岗位，任劳任怨地（替优势雄性鸟）育雏？"对此，米尔德已经有了些眉目——帮手鸟之所以迟迟没有离开出生地，主要是因为外头的雌性鸟和领地"供不应求"。即便如此，它留在父母的巢域里，也可以不干活，为什么要这么"无私奉献"呢？

米尔德提出了一个假设：当配偶资源稀缺，未被占领的土地不多时，为了有个安全舒适的容身之处，等待时来运转的那一天，帮手鸟会寄居在优势雄性鸟的领地内，向它支付"租金"。20世纪70年代末，加斯顿（A. J. Gaston）首次提出了这一"有偿居留"（pay to stay）假说。如果真是这样，那么一旦"租户"没有付"住宿费"，优势雄性鸟就会很有意见。米尔德决定做一个实验，验证这是否属实。

米尔德与动物行为学家娜奥米·朗莫尔（Naomi Langmore）合作，模拟了一次"拖欠房租"的行为。他们拐走一只帮手鸟，将它隔离24小时，使它无法护巢育雏，即人为地害它缴不了"住宿费"。24小时后，两人将它放回领地，观察优势雄性鸟的反应。

植物园管理人员要求米尔德他们必须每天早上9点前结束实验，因此他们在前一天晚上就得想好对哪个鸟巢下手，第二天清晨布下"天罗地网"，祈祷能够成功抓住目标。"如果那天很幸运，我们会出去……抓住目标鸟，回到马路对面的学校里，将它放进鸟笼里，好吃好喝地供着，让它独自在安静的'宾馆'里度过这一天，"米尔德说，"第二天，我们会将它放进袋子里，回到它的领地，放它出去。"然后，两人会拿着望远镜和照相机，观察并记录接下来的情形。

他们选择在一年当中的三个时间段进行"拖租"实验。在第一个时间段，他们移除了6只帮手鸟。这时，繁殖季尚未开始，雄性鸟刚刚换上"繁殖专用"的彩羽。"那是最波澜不惊的时期，"米尔德笑着说，"我们抓走一只帮手鸟，将它关进鸟笼里，过一阵子再放回去，结果什么也没发生，仿佛它不曾失踪过。（优势雄性鸟）没有表现出明显的敌意，一点反应也没有。"不过，他并不担心。这个时期的鸟巢里空无一物，没有鸟蛋需要帮手鸟保护，也没有雏鸟需要它喂食。优势雄性鸟反应这么冷淡，完全可以理解。

他们在其他时间段也做了同样的实验，先是在雌性鸟孵卵期，接着是在雏鸟孵化后的育雏期。这时，事情可就有趣多了。经过14轮的移除实验后，面对屡次拖欠"住宿费"的帮手鸟，优势雄性鸟再也淡定不了了，做出了激烈的回应。有好几次，"帮手鸟一飞出袋子，回到领地里，优势雄性鸟就对它穷追不舍，"米尔德说，"优势雄性鸟显然……注意到帮手鸟消失了……追逐它4~5分钟之久。"优势雄性鸟偶尔会"揪住"帮手鸟，一个劲儿地啄咬它，但是并没有造成实质性的伤害。这种追逐可能会断断续续地持续一两天，但是最终都会作罢，也许是因为优势雄性鸟觉得，只要给这些臭小子一点教训就够了，不必真的将它们赶出家门。最后，帮手鸟重新被群体所接纳，与其他成员重修旧好，回到被米尔德和朗莫尔掳走前的日子。

至于优势雄性鸟为什么要惩罚不守信用的帮手鸟，本着"大胆假设、小心求证"的精神，米尔德和朗莫尔设想了其他可能的原因：也许是因为它"脸盲"，没有认出被抓走又放回的帮手鸟，而是将它当成了陌生的入侵者？有证据表明不是这样的，因为所有回归的帮手鸟几天后都会重新被群体接纳，真正的外来者会被下达终身驱逐令，被追逐到不敢再来为止。米尔德和朗莫尔还想到了另一种可能性：优势雄性鸟攻击回来的帮手鸟，也许只是因为它当时正好睾酮水平高，"火气"大，见谁啄谁？这个可能性同样被推翻了，因为在第一次被移除时，帮手鸟回来以后，并没有受到优势雄性鸟的惩罚。这时的优势雄性鸟虽然没有开始繁殖，但是身上仍有繁殖期的彩羽，睾酮含量并不低。所以，优势雄性鸟攻击帮手鸟，并不是激素在作祟。让我们回到最初启发两人做这些实验的那个问题：为什么帮手鸟留下来帮忙，是什么约束着它？米尔德和朗莫尔认为更可能是为了付"住宿费"：在亲鸟最需要的时候，帮手鸟要是袖手旁观，强势的雄性繁殖鸟就会惩罚它。[12]

*

寄"鱼"篱下的慈鲷也要付"住宿费"。美新亮丽鲷（学名：*Neolamprologus pulcher*）拥有"坦噶尼喀湖公主"之美称，它们的眼睛呈冰蓝色，鱼鳍边缘饰蓝色边线，巢穴中也有帮手，还有与壮丽细尾鹩莺相似的"有偿居留"制度。迈克尔·塔伯斯基（Michael Taborsky）在野外和实验室都深入研究过这种鱼，他发现帮手鱼提高了领地占有者的繁殖成效，也增加了繁殖合作的复杂程度，因为谁能当帮手鱼并没有限制：雄性鱼可以，雌性鱼也可以；大个子可以，小个子也可以；非亲非故的鱼可以，有亲缘关系的鱼也可以。

在读博士期间，为了完成博士研究，塔伯斯基来到坦噶尼喀湖北边的布隆迪（Burundi）[①]，观察野外的美新亮丽鲷。多米尼克·琳贝格（Dominique Limberger）也以这种鱼作为他的博士研究课题，不过他研究的是其生理特征，而不是行为。两人结伴而行，在湖边租了一个小木屋，它属于一家鱼类加工厂。和所有博士研究生一样，他们一到当地，就迫不及待地想开工。然而，天有不测风云，总有意外会来拖你的后腿，许多野外调查都这样。

"我们去布隆迪的时候，当地正好暴发了霍乱，"塔伯斯基说，"政府不允许我们去湖里，我们只好找政府谈了好几回。"霍乱并不是唯一的威胁。那里的湖里生活着许多河马。当地有不少从事鱼类出口的商人，向世界各地的宠物店和培育场输送慈鲷。他们告诉塔伯斯基，他想研究的那种鱼所在的区域几周前曾发生过悲剧，有一名潜水员被河马咬死了。那段时期，总共有4名潜水员不幸死于河马之口，间隔时间并不长。"他们提醒我们，"塔伯斯基说，"要潜得越深越好，潜到河马到不了的地方。"这是不现实的，因为他们找的主观测点只有3~5米深，可想而知他们"有多提心吊胆，一听到水里有声响，就吓得东张西望"。

每天，塔伯斯基都会乘坐当地渔民驾驶的船只到湖上去，穿戴好潜水装备，花4~6个小时观察美新亮丽鲷，用水下记号笔在PVC板上做笔记。他曾看到一个巢域里有6条帮手鱼，忠心耿耿地替繁殖鱼保卫领地，领地内的湖床上通常有一个小洞或一条裂缝，充当"产房"。帮手鱼可忙了，它们要清理有缺陷的卵，给鱼卵扇水供氧，推动水流交换，在产卵地四周挖沙子，抵御敌害，赶走入侵者。

---

① 布隆迪，位于非洲中东部的小型内陆国家。——译者注

塔伯斯基很早就知道两点：一是身为帮手鱼，雄性鱼与雌性鱼并无明显分工，雄性鱼能做的，雌性鱼也能做；二是性成熟的帮手鱼留在父母的巢域内或去给非亲非故的繁殖鱼"打工"，并不是因为它们找不到适合独自生活的地方。事实上，湖底有很多这样的好地方。它们之所以自愿成为帮手，去协助更占优势的繁殖对，是因为自立门户的风险太大。"我们在野外实验中发现，"塔伯斯基说，"如果一条鱼选择'单飞'，它能活下去的可能性就会变得极小……没有集体的力量（帮助它）守护隐蔽所。"后来，他还发现，当一条繁殖鱼死掉，或双双死去时，体形更大的帮手鱼会接管领地，这位继承者通常与死去的繁殖鱼没有亲缘关系。

塔伯斯基忍不住想，既然帮手鱼的选择不多，优势者会不会利用这一点，从中谋利。"从属者可以获得（优势者）领地内的资源，尤其是领地所赋予的庇护。但是，当然啦，它们（可能）也得礼尚往来才行……像是给点住宿费啦，感谢人家收留你，或是给点会员费，感谢人家接纳你为会员，让你能够享受会员的福利，住在治安良好的社区。"为了确定是不是因为这样，塔伯斯基去了瑞士的伯尔尼动物研究所（Institute of Zoology in Bern），和拉尔夫·贝格米勒（Ralph Bergmüller）一起开展实验。

他们人为地建立了几个领地，每个领地内都有一对繁殖鱼，两条帮手鱼，一条大，一条小。在实验的第一阶段，每个鱼群的四个成员都受到了来自外部入侵者的威胁。所有成员对外部入侵者的防御行为，包括成员之间的内斗，都被记录了下来。当实验进入第二阶段时，他们巧妙地将鱼缸隔成几个隔间。在某些测试中，一条帮手鱼被独自放入一个隔间，那里是看不见外部入侵者的，其他成员被放入另一隔间，既看得到第一条帮手鱼，也看得到外部入侵者。到了第三阶段，四条鱼重新团聚，这时又来了一个外部入侵者，每个成员都能看见它。

在实验的第二阶段，一条帮手鱼看不见外部入侵者，可想而知，它不会采取任何行动。贝格米勒和塔伯斯基预测，其他成员应该会自动"补位"，加大防御力度，自觉承担额外的责任，尤其当入侵者是个大块头时。正如他们猜想的，实验结果确实如此。此外，他们还根据"有偿居留"模型预测，在第二阶段不为所动的那条帮手鱼将会受到惩罚，结果却出乎他们的意料。在第三阶段，当毫无作为的帮手鱼回归集体时，繁殖鱼并未如他们预测的那样，增加对它的攻击。

虽然第三阶段的结果有些不尽如人意，但是与"有偿居留"模型相符的证据以另一种形式浮现出来。在第二阶段看不见外部入侵者的帮手鱼，尤其是体形较小的帮手鱼，到了第三阶段反而防御得更积极了（与第一阶段相比有所加强），这也许是一种先发制人的策略，不给其他成员惩罚自己的机会。近期，另有研究表明，有时优势个体确实会惩罚没能及时出手相助的帮手鱼，这取决于帮助行为的类型，以及帮助行为发生的情境。塔伯斯基将这一拖欠"房租"被惩罚的特殊情况称为"特定商品惩罚"（commodity-specific punishment），它表明美新亮丽鲷的社群中存在一种复杂的"有偿居留"机制，不管是优势者还是从属者，都会对各种社群环境做出反应，调整策略。[13]

从白额蜂虎、黇鹿、豚尾猴、狮尾狒、壮丽细尾鹩莺、美新亮丽鲷身上，我们看到优势个体将采取一切手段，控制地位更低的个体。这些故事都发生在群体内部。到目前为止，本书每一章提到的例子都属于社会性群居动物的权力争斗。关于它们发生的场所，也就是群体内部，我们也谈到了不少它的特征。现在，我们将切换到另一个不同的维度，探索群体之间的权力动态。

七 ◎ 群起而动

所有动物一律平等，

但有些动物比其他动物更平等。

——拿破仑（猪）

乔治·奥威尔

《动物农场》

说到鲨鱼湾的南宽吻海豚，除了联盟内部的明争暗斗外，联盟之间也会结合起来，共同对抗外部的联盟，为权力之争层层加码，让原本已经很复杂的权力动态变得更复杂。当两个联盟联合起来，守护得来不易的新繁殖资源，或保卫既有的旧繁殖资源，"二级联盟"就会应运而生。理查德·康纳说，这种强大的超级联盟会"稳定地存在数十年"，随后他又笑着补充道，"偶尔可能出现一个空缺……有的老家伙正好可以加入，如果它的好兄弟正好死了"。假如一个二级联盟还不够强大，那么几个二级联盟就会继续合并成更大的联盟，与其他同级别的巨型联盟角逐权力。由于暂时想不到更好的名字，我们就先叫它"三级联盟"吧。[1]

至于乌干达的缟獴，情况则大为不同。无论有没有联盟的参与，它们的权力斗争都比南宽吻海豚更血腥。迈克尔·坎特（Michael Cant）研究獴科动物25年了，他说缟獴绝不容许任何人跨越它们的红线。坎特将这条红线称为"战线"（battle line），一旦跨越，就是一场大战。

刚开始研究獴科动物时，坎特去了南非，却没有找到合适的研究地。于是，他辗转去了乌干达的伊丽莎白国家公园（Queen Elizabeth National Park）。英国伦敦大学学院的博士研究生丹妮尔·德卢卡（Danielle De Luca）也在那里，为她的博士学位论文研究缟獴群居生活的成本与收益。"丹妮尔教我怎么抓缟獴，怎么麻醉它们，"坎特说，"基本上把所有诀窍都传授给我了。"[2]

今天，坎特不管是在野外观察缟獴，还是在英国埃克塞特大学里研究它们，背后都有一个研究团队与他并肩作战。该团队由七名乌干达助手组成，弗朗西斯·姆万圭亚（Francis Mwanguhya）是小组长，从缟獴项目刚成立时便加入了团队。他们对公园里的每只缟獴都了如指掌，不仅每个人都能认出那里的每只缟獴，有些缟獴似乎也能认出他们当中的某些人。"有一只雌性獴，"姆万圭亚说，"它很不喜欢某一个研究人员。每次他一出现，它就会发出不满的咕哝声……因为他曾抓走它的族群成员，将它们关在实验室里，关了好几个小时才放回去。"缟獴可记仇了。后来，那位老兄消失了一年多。当他再次出现时，姆万圭亚惊讶地发现，那只雌性獴居然认出了他，一看到老熟人就又发出和过去一样的咕哝声。

坎特早期关注的是缟獴群体极大的繁殖偏倚，想知道为什么优势雌性獴不停地繁衍后代，同时又抑制其他从属雌性獴繁殖。很快，他就意识到，"缟獴总是叫人猜不透，处处给人惊喜，不按常理出牌……总有各种方法让我们摸不着头脑"。其中一个令人困惑的现象是：一个族群中的所有优势雌性獴都在同一天分娩——更神奇的是，全都在早晨！不同族群之间的优势雌性獴在不同的日子里分娩，同一个族群内部的分娩日期却惊人地同步。"你去那儿一看，"正如坎特所说的，"看到4只或5只大腹便便的雌性獴，摇摇晃晃地走来走去。隔天早上……11点左右，它们（从洞里）出来，个个都婀娜苗条。直到今天，我们依然没搞懂，这（同步分娩）是怎么做到的。"

在迅速壮大的獴群中，有一小群雌性獴会周期性地暴力驱逐其他雌性个体。这是另一个让他摸不着头脑的现象，也是驱使他研究群体间权力争夺的因素。坎特是这么描述那些大规模暴力驱逐的：你前一天过去，看到"它们和平友爱，和睦共处，（亲昵地）互咬脖子，隔天再过去，却看到它们打得天昏地暗"。"由于某些我们不知晓的原因，有的雌性个体突然背上了'被驱逐者'的罪名，被所有缟獴疯狂地拳脚相向……动手的主要都是雌性獴。有一次，一只雌性獴沦为了被驱逐者，就连幼獴也跑来，对它拳打脚踢，有种'群氓现象'的即视感。"[3]

在坎特博士研究期间，獴群爆发了一次大规模驱逐活动，在那之后，獴群之间发生了一件令人完全意想不到的事。起初，有10只雌性獴被扫地出门，跑去投靠另一个由20只雄性獴、8只雌性獴组成的大獴群。这倒没什么好意外的，缟獴本就是群居动物，如果不幸被驱逐了，那么当务之急是赶紧找下家，或者"另起炉灶"，组建一个新群。"我早上过去一看，发现大獴群正在跟那10只雌性獴打架，"坎特说，"奋力将它们赶走。"这也没什么好意外的。后来，坎特"出去吃午饭了，下午回来时，发现有9只雄性獴叛离了大獴群，加入那10只雌性獴的小集团，共同对抗它们原先所属的大獴群"。这才是真正让人始料未及的反转。没想到最初的一场驱逐，居然会迎来绝处逢生般的大反转，最终演变成新老獴群之间的争夺。

虽然免费看了一场令人难忘的群体间权力争斗，但是坎特逐渐认识到，这次的争斗并不典型。缟獴每年繁殖4次（仅1—2月为繁殖淡季），除非遭受强制驱逐，否则个体不会轻易分散到其他领地，或离开它所属的群体。这使群体的亲缘关系一代比一代近。从理论上说，这会让它们陷入近亲交配的问题，除非雌性缟獴另辟蹊径。有些雌性獴会跟附近的獴群"暗通款曲"，当它们去隔壁碰运气时，其所属獴群的雄性缟獴往往会尾随它们，两边的雄性缟獴一旦狭路相逢，极易擦枪走火，引发獴群间的大战。"有一次，两群缟獴打得正火热，"坎特说，"有雌性獴却趁乱跑去跟敌方阵营里的雄性缟獴交配。"

獴群间的权力碰撞是一道"美丽的风景线"。"它们打起架来，全都混在一起，仿佛融为一体，分不清敌我，"坎特说，"……一团翻滚扭动的小毛球，张牙舞爪，而且还有各自的战线……在草丛中追来逐去……吱吱狂叫……有时你会忍不住想，有的家伙会不会站错队了，只是自己不知道？"场面实在太混乱了，即使坎特和整个团队都出动了，去围观它们打群架，也都看得眼花缭乱，分不清谁跟谁是一边的。最近，他们开始使用融合了深度学习与人工智能的无人机，希望这能帮助他们更好地分辨阵营。獴群间的冲突可能持续数分钟，最终有不少雄性缟獴受伤或阵亡。雌性缟獴几乎总是毫发无伤，但是这并不代表它们不用付出任何代价。后来，坎特和团队分析了幼崽成活率，发现如果过去30天内獴群间曾爆发权力冲突，那么巢中幼崽成活率就会降低[4]。

在南宽吻海豚和缟獴的社群中，我们看到个体想要扩大权力，借助集体的力量是方法之一。印度的狗、巴拿马的白脸卷尾猴、美国加州的阿根廷蚁、乌干达的红尾长尾猴，也会"对外征伐"，跨群体操纵权力。

群体之间的权力争夺是多样化的，是不可思议的。动物行为学家已经发现，权力斗争有时是公开、血腥的，有时是隐蔽、微妙的。在某些物种中，所有个体不论雌雄，皆投身其中。在某些物种中，只有特定性别的个体会这么做。它们争夺的往往是领地，尤其是边界分明的独立领地，偶尔也有例外。动物行为学家正紧锣密鼓地拼凑群体间权力动态的全貌，但这并不是一个简单的小项目。

有一点还请读者注意，本书在逐步深入群体间权力动态的过程中，将绕开进化生物学关于"选择层次问题"（levels-of-selection）的争论。这场争论的焦点是，除了在基因和生物个体的层次上，自然选择是否会在种群的层次上发挥作用，即"青睐"特定类型的种群。大多数动物行为学家认为自然选择不会在种群层次上起作用，即使会，影响也是微乎其微的。本书关心的并不是自然选择。它究竟会不会对种群起作用，在这里并不重要，真正重要的是群体间的互动，因为它对权力格局有着深远影响。

＊

和阿根廷蚁（学名：*Linepithema humile*）一比，缟獴的群体间权力冲突就逊色了许多，跟扮家家酒似的。大卫·霍尔韦（David Holway）形容阿根廷蚁是"一种其貌不扬、平平无奇的昆虫"，但是它们会汇聚成庞大的群落。在美国的南加州地区，超级群落之间经常爆发权力战争，不计其数的蚂蚁命丧黄泉。

1891年，一群阿根廷蚁随着一艘运输咖啡或甘蔗的船只从巴西出发，抵达新奥尔良市（New Orleans），从此在美国落地生根。今天，从大洋洲、欧洲到美洲，地球上随处可见阿根廷蚁的超级群落，成员规模可达十亿甚至万亿级别。在欧洲，很有可能一个阿根廷蚁的群落就横跨整个大陆。

阿根廷蚁的入侵本领好到令人咋舌，无论它们走到哪里，都能碾压当地的物种。专门研究引入种群的科学家曾观察到，阿根廷蚁只会攻击妨碍其侵略大业的其他物种，不会攻击自己的同类。于是，他们将"不攻击同类"奉为阿根廷蚁的成功秘诀之一。后来，霍尔韦及其同事去了阿根廷蚁的故乡阿根廷，才发现这个观点错得离谱。

"我是那种很喜欢昆虫，而且永远看不腻的孩子，"从小在旧金山湾区 ① 长大的霍尔韦说，"潜意识里，我是知道阿根廷蚁的。在加州沿海地区，几乎家家户户的房子里都有这种蚂蚁。"虽然阿根廷蚁在当地是一种司空见惯的昆虫，但是霍尔韦一直没有正儿八经地瞧过它，直到20世纪90年代初，霍尔韦去犹他大学攻读博士学位，才开始认真观察阿根廷蚁。尽管如此，一开始他也没有太把它放心上。和许多踌躇满志的年轻昆虫学家一样，霍尔韦曾幻想去某个热带国家，深入郁郁葱葱的森林，每天跟国外才看得到的各种物种打交道，以此度过美好的博士岁月。在加州的街道和草地上观察野生动物，用霍尔韦自己的话说，"并不是20多岁的我憧憬的野外调查"。后来，他无意间看到了菲尔·沃德（Phil Ward）写的一篇论文，内容是关于戴维斯市附近的阿根廷蚁对本地物种的取代。当时，"入侵生物学"是一个热门的新兴领域。于是，霍尔韦接棒沃德，开始研究阿根廷蚁与当地蚁类之间的竞争，包括阿根廷蚁的扩散速度。

从犹他大学毕业后，霍尔韦去了加州大学圣地亚哥分校（UCSD），在泰德凯斯实验室从事博士后研究工作。一个月后，他和同一个实验室

---

① 美国西海岸加州北部的一个大都会区，简称"湾区"。——译者注

的研究生安迪·苏亚雷斯（Andy Suarez）一起去了阿根廷，在阿根廷蚁的原生地研究它们。那是地球上唯一它们不是入侵者的地方。"我们千里迢迢跑到阿根廷，真不知道是为了什么，"霍尔韦说，"那里（几乎）没有发表任何与阿根廷蚁有关的研究。"130年前，这种蚂蚁刚登陆新奥尔良不久，就引起世界各地的科学家争相研究。没想到在它的家乡，它竟受到如此冷落。

很快，霍尔韦和苏亚雷斯便发现，就占地面积而言，阿根廷蚁在原生地的群落规模小多了，不仅比加州的小，比其他地方的也要小。不过，最让他们讶异的不是这一点，而是蚁群之间的互动。几乎所有文献资料都说这种蚂蚁不会"自相残杀"（当它们是入侵者时），但是在阿根廷，不同阿根廷蚁群落之间的厮杀是家常便饭，而不是罕见情况。

多亏了这些群落间的厮杀，霍尔韦、苏亚雷斯及他们未来的合作者尼尔·筒井（Neil Tsutsui）才能够解释，为什么阿根廷蚁所到之处，皆能以绝对优势碾压本地物种。他们的论述大致如下：在今天被我们称为阿根廷的这片土地上，有一群蚂蚁世世代代生活在洪泛平原上（当然还有其他地方），例如，巴拉那德拉帕尔马斯河（Río Paraná de las Palmas）① 与乌拉圭河的交汇处，在漫长的进化历程中生生不息。洪水泛滥之际，阿根廷蚁和其他蚁类一起，纷纷往高处迁徙，或乘碎石残木，顺流而下。在洪水退去后，所有蚂蚁回到陆地，重建领地。于是，那些攻击性极强的阿根廷蚁脱颖而出，受到了自然选择的"青睐"。它们不仅对其他蚁类攻击性强，对其他阿根廷蚁群落也一样。阿根廷蚁每到一个地方，就将这种进化优势带过去，给当地的土著蚁带去毁灭性的打击。

---

① 巴拉那德拉帕尔马斯河，巴拉那河的一条重要支流。——译者注

但是，霍尔韦他们的阿根廷之行并没有解释，为什么生活在阿根廷的阿根廷蚁会攻击其他群落的同类，生活在美国加州的阿根廷蚁却不会，至少没有人找到证据表明它们会。"如果你跑到我家（圣迭戈县①）后院，挖走一小群阿根廷蚁，"霍尔韦说，"然后跑去伯克利②，到尼尔·筒井家后院'放生'，（你会看到）两群蚂蚁融为一体，和睦相处，仿佛遇到了失散多年的亲人。"事实上，霍尔韦、苏亚雷斯、筒井三人曾在加州到处跑，先在圣迭戈县抓一些阿根廷蚁放在罐子里，接着开车去加州其他地方抓阿根廷蚁，放入圣迭戈蚁群的罐子里，观察它们的反应。结果，它们相处得很融洽，基本没有表现出任何攻击性，仿佛它们生来就属于同一个超级群落（supercolony）。在某一次抓蚂蚁的旅途中，该旅途包含了洛杉矶、圣巴巴拉、圣路易斯奥比斯波、旧金山几个站点，全都在加州。他们发现了一个阿根廷蚁的庞大帝国，从圣迭戈县向北延伸至少600英里（约965.6千米），后来被称为"大型超级群落"（the Large Super Colony, LSC）。在这个范围内，所有阿根廷蚁都对彼此相敬如宾，仿佛它们来自同一个快乐的大家庭。

后来，科学家们发现，LSC 并不是加州唯一的超级群落。那里还有四个超级群落：霍奇斯湖（Lake Hodges）、斯金纳湖（Lake Skinner）、科顿伍德（Cottonwood）、甜水镇（Sweetwater），每个都很庞大，虽然比不过 LSC。霍奇斯湖、科顿伍德、甜水镇这三个超级群落与 LSC 接壤，霍尔韦等曾在其边界处看到群落间的战争。与阿根廷当地的战争相比，那里的战争规模更大，也更可怕。

---

① 美国加州最南部的县，也译"圣地亚哥"。——译者注
② 美国加州阿拉米达县下辖市。——译者注

　　霍尔韦和筒井带着广播实验室（Radiolab）播客团队，去了 LSC 与霍奇斯湖超级群落之间的某处边界，它位于埃斯孔迪多（Escondido）的桉树大道（Eucalyptus Avenue），正好处在某个民宅的私家车道尽头。"一大片死蚂蚁横陈在马路边上，"霍尔韦说，"你不下车也能看到'交战区'在哪里。"映入他们眼帘的是 10 万只横尸街头的工蚁，6 个月以来各种大小冲突的牺牲品。霍尔韦的同行者里还有马克·莫菲特（Mark Moffett），他是一名昆虫学家，也是科普作家。在这趟旅途中，他亲眼看见了几场蚁战。"它们前赴后继，被敌军杀死，场面惨不忍睹，"他说，"它们只管冲上去，抓住对手，然后肉搏。它们没有兵器……只能使出大多数蚂蚁都会的撒手锏，死死咬住对手，铆足劲儿撕扯。"[5]

　　并非所有阿根廷蚁的边界战争都这么血腥。霍尔韦、苏亚雷斯、筒井与博士后研究员梅丽莎·史密斯（Melissa Smith）合作，对阿根廷蚁群落间的权力争斗展开了更系统性的研究。他们绘制了边界区域，收集了大量行为数据，还抓了一些蚂蚁带回实验室做后续研究。这是一项硕果累累的工作，虽然看上去并不是那么高大上。"我们在马路边上或民宅的前院里工作（观察蚂蚁），"霍尔韦说，"人们会从家里跑出来，问我们在搞什么名堂。"

　　两个超级群落之间通常有多个"交战区"。霍尔韦等找到了 16 处"交战区"（分布于 LSC 与霍奇斯湖超级群落交界处、LSC 与科顿伍德超级群落交界处、LSC 与甜水镇超级群落交界处），跟战地记者似的，在那里扎营。"我们隔三岔五就得'清场'，将战死的工蚁从战场上转移走，"霍尔韦说，"伤亡极其惨重……它们不会一鼓作气，直接来一场大战，打完就进入漫长的和平期，而是会打无休止的小战役。"他们将一些蚂蚁带回实验室，让来自两个超级群落的蚂蚁进行五对五战斗。他们发现，有的蚂蚁来自边界附近，它们参与的战斗是最激烈的，虽然所有战斗中的蚂蚁都做出了攻击行为，但是它们的生长地离边界越远，攻击性似乎就越弱。[6]

霍尔韦等忍不住好奇，既然边界附近的权力冲突异常凶险，阿根廷蚁是如何分辨敌我的？这一问题在任何层次上都能得到解答。在基因层次，今天加州的几个超级群落虽然庞大，但它们的祖先可能都是那一小群最初乘坐船只、火车或汽车"偷渡"到这片土地上的阿根廷蚁。这意味着最初的遗传变异库存量很小，那么随着时间的推移，群落内部的基因相似度理应变得很高。通过适当的控制处理，分子遗传学分析结果证实，这个推测是对的。既然整个群落的蚂蚁都是亲戚，在群落层级积累权力，就是惠及全体亲属的做法。不过，这个结论引出了另一个问题：阿根廷蚁是如何判断亲缘关系的；它们怎么知道谁是亲戚，谁不是？一个可能的答案是：遗传差异赋予每个超级群落独特的化学气味，这种气味被莫菲特比喻为一个群落的"国徽"，与阿根廷蚁身上分泌的一种化合物有关——表皮碳氢化合物（Cuticular Hydrocarbons, CHCs）。如果你散发的是这种气味，你就是同一群落的；如果你散发的不是这种气味，你就是其他群落的。

阿根廷蚁主要靠触角来辨别气味，难怪在桉树大道的车道上，有那么多蚂蚁不停地相互触碰、试探及撕扯[7]。

*

许多动物的群体间权力争斗会以更温和、更微妙的方式呈现出来，而不是以全面战争的形式亮相。有时，促使两个群体对抗的深层因素，可能完全出乎你的意料。对于佛罗里达丛鸦（学名：*Aphelocoma coerulescens*）而言，这个深层因素可能是橡果和野火。

　　佛罗里达丛鸦身披淡蓝色羽衣，以白羽为底，体重约3盎司（85克），从喙尖至尾尖约10英寸（25厘米）长。"它们需要很大的巢域，"研究这种鸟近50年的约翰·菲茨帕特里克（John Fitzpatrick）说，"（它们的领地）比同等身量的鸟儿（的领地）大得多。"在冬天以外的日子里，这种丛鸦会在领地里到处埋橡果，到了冬天几乎完全靠它们维生。佛罗里达丛鸦埋下的橡果可能多达8000颗，这也许是其领地特别大的原因之一。光是储存橡果这一条，就需要很大的空间，奈何世道艰难，它们的栖息地时不时就会发生山火，低矮的橡树经常遭殃，一旦被烧到，未来的2~3年都结不出橡果来。为了避免领地内的橡树被烧光，它们能做的就是扩大领地，大到山火烧不尽。"领地就是一切，"菲茨帕特里克说，"（佛罗里达丛鸦的）行动纲领是——捍卫所有你能捍卫的栖息地。问题是，其他同胞也是这么干的。"这就为群体间的权力争斗埋下了祸根。[8]

　　1972年，菲茨帕特里克在美国哈佛大学攻读本科学位。眼看着快要放暑假了，他开始思考该怎么过暑假。菲茨帕特里克说，"正当我想着，今年我要搞科研，不想再修剪草坪了"，他的舍友跑来告诉他，他在学校里看到一则佛罗里达州阿奇博尔德生物站（Archbold Biological Station）的暑期实习招聘广告。于是，他申请参与那项实习，最后幸运地被录用了。1971年，格伦·伍尔芬登（Glen Woolfenden）刚开始在阿奇博尔德标记佛罗里达丛鸦。菲茨帕特里克被录用后，便被派去和伍尔芬登一起工作。那个暑假，菲茨帕特里克的主要任务是观察丛鸦家庭内部的权力与优势关系。他亲手制作了"许多一次只允许一只鸟取食的小工具"，看哪只鸟能抢到喂食器里的花生米。1973年暑假，菲茨帕特里克再次来到阿奇博尔德生物站，发现自己对这种鸟的权力与领地问题越来越感兴趣。于是，他开始绘制领地图，发现所有家庭群（包括繁殖鸟与帮手鸟在内）都很忙碌，需要全年无休地捍卫领地。此外，领地与领地之间的界线很明确，精确到只有1米之隔。

他形容自己早期的角色是"年度领地测绘工程指挥官"。在和团队一起绘制领地的过程中，他逐渐意识到自己可以人为地制造群体之间的冲突，从而更好地研究这种鸟的权力动态。那些鸟跟他可熟了，包括他的助手。菲茨帕特里克笑着说，因为"我们偶尔会给它们送花生米"。他会踏入一片领地，学佛罗里达丛鸦叫。"整个大家庭都会飞过来，以为又有花生米可以吃了，"菲茨帕特里克说，"……然后，我们把它们转移到领地的边缘，把隔壁领地的鸟也转移过去……全集中到一处……（它们一相遇）立马打了起来，连花生米都顾不上了。"他们发现，这种鸟的领地边界不仅分得一清二楚，而且边界线可以长达200米。

在这条200米长的边界线上，两边的邻居都在努力捍卫自己的领地。有的鸟可以偷偷侵占对面邻居的土地，甚至抢走一小块土地，把它变成自己的，如果老天爷站在它那边的话。在领地之争中，佛罗里达丛鸦会使出一连串攻击行为，包括鸣叫、威吓、追逐，更严重的还有抓斗，即互相抓住爪子，在地上打滚，直到一方胜出为止，败者将被胜者猛啄一顿。雄性繁殖鸟比雌性繁殖鸟更可能参与这些小规模的战斗，雄性帮手鸟比雌性帮手鸟更可能参战支援。

在佛罗里达丛鸦的世界里，橡果资源有限，而且火灾频发。领地大小决定了一个群体能否生存下去，群体之间的权力争斗成为存亡攸关的大事。打败邻居，更重要的是侵占邻居的领地，将极大地影响一个群体的粮食储备量，决定它们能否有足够的橡果过冬。菲茨帕特里克团队发现，大的家庭群通常会打败小的家庭群。后来，该团队慢慢拼凑出权力动态的全貌，揭示佛罗里达丛鸦的家庭群如何扩大规模，提高打赢边界战的胜率。

前面已经说过，与雌性帮手鸟相比，雄性帮手鸟是更得力的助手。它们会在出生地停留好几年，而雌性帮手鸟早就飞走了。留下来的雄性帮手鸟大有可为。首先，它们会协助护巢育雏，这就扩大了"鸟"口，子孙后代一兴旺，将家族领地（巢域）代代传承下去就不是梦。雄性鸟留下来当帮手，还有一个隐蔽的好处：一旦雄性繁殖鸟不幸死了，雌繁殖鸟远走他乡，身为家庭群里的"二把手"，最厉害的雄性帮手鸟就会顺势上位，继承整个领地。不过，这种情况极为罕见，更常见的情形是，雄性帮手鸟化身"拓荒者"，飞到家族领地的边缘地带定居，往外扩张边界。外扩的一小块区域，就是它与它追求的雌性鸟的"封地"。"你可以这么想，雄性鸟在父母的领地上开疆辟土，"菲茨帕特里克打了个比方，"并继承了边远地带的大片土地。"

他的团队一直很关注此类"扩疆"活动。每年都有实习生从野外跑回来，说是观察到了疑似"扩疆"的活动。所有人一听，立马来了兴致。"大家都很兴奋，"菲茨帕特里克说，"几天后，我们跑去现场'监工'……万一这事儿成了，它就喜提一块占地5~8英亩（2~3公顷）的灌木丛林地；如果不成，（那也是因为）邻居抵死不从，所以它就放弃了。"

有一半的"扩疆"行动最后是成功的。一旦"扩疆"成功，雄性帮手鸟就会受益匪浅，这是显而易见的，它身后的家庭也会跟着受益，因为领地变大了，意味着橡果变多了，家庭"鸟"口也会跟着兴旺起来。当雄性帮手鸟在边疆"开枝散叶"时，家庭群的规模将随之扩大，未来与邻居争夺权力的胜算就更大[9]。

*

对于生活在加尔各答^①街头的狗（学名：*Canis lupus familiaris*）而言，导致狗群相争的不是橡果和野火，而是垃圾堆和食品摊贩。印度科学教育与研究所的阿宁迪塔·巴德拉（Anindita Bhadra）曾带领一个团队研究这些狗的社群行为，没有人比她更清楚这些狗为何而争。

"我一直对这些狗很感兴趣，"在加尔各答长大的巴德拉说，"小时候，我经常去喂街上的狗，跟那些朝狗扔石头的男孩打架。"长大以后，她师从印度数一数二的动物行为学家拉加文德拉·加达格卡尔（Raghavendra Gadagkar），在他的指导下攻读动物行为学博士学位。当时，她选择研究阔边铃腹胡蜂（学名：*Ropalidia marginata*）的社群，这是她的导师研究了数十年的生物。她的博士毕业论文题目叫《蜂后与继任者们：原始真社会性黄蜂的权力故事》（"Queens and Their Successors: The Storg of Power in a Primitively Eusocial Wasp"），关注的是王位的继承。与其他胡蜂科物种相比，阔边铃腹胡蜂的蜂后温和多了，但是同样垄断了整个蜂群的繁殖权。一旦老蜂后死了，王储很快就会登基：窝里的另一只雌性蜂会突然变得极具攻击性，迅速坐上空出来的王位。一旦坐稳了王位，它就会停止攻击，重新变得温和起来。谁能成为新蜂后，看的并不是雌性蜂在蜂巢中的优势等级、年龄或大小，这点与许多社会性昆虫都不一样。巴德拉的论文要揭示的，就是王位继承的"潜规则"¹⁰。因此，她开玩笑道："我逢人就说，我研究的是胡蜂政治学。"

---

① 印度西孟加拉邦首府。——译者注

完成博士学位论文后，巴德拉不得不做出一个艰难的人生决定。她很喜欢研究胡蜂，也愿意一辈子研究它，但是最终她放弃了，对加达格卡尔说："（在研究阔边铃腹胡蜂这件事上）没有人能够超越你这座大山。"就在那个时候，加尔各答新成立的印度科学教育与研究所（Indian Institute of Science Education and Research，IISR）新增了一个助理教授的岗位，同时也在招收博士研究生。为了应聘这个岗位，巴德拉拟订了两个研究计划，一个关注的是乌鸦社群行为，另一个是她从小就很熟悉的加尔各答街头的狗。

"我读了很多关于狗的论文，"巴德拉回忆道，"突然意识到，关于狗的进化、狗的社会认知、狗与人类的互动，科学家做了大量讨论，但是他们的实验却囿于宠物狗，这让我觉得很不妥。"家犬的生活，完全无法代表加尔各答街头流浪狗的生活，也无法代表其他地方的街头流浪狗的生活。"（宠物狗）一直处于人类的照管之下，"巴德拉接着说道，"我所看到的狗不是这样的，它们吃的每一口饭，都要靠自己去争抢……所以我想，为什么没有人去我们所认同的自然生境，研究那些自由放养的狗呢？几百年来，它们就是那样（在印度）生活的。"

巴德拉带上这两个计划，去寻求导师的建议。"他说：'两个都很好。但是，你心系何处呢？'"巴德拉记得他是这么问的。她的心在街头的狗身上。就现实而言，狗到处都有，乌鸦却不是，研究它们会比研究狗困难得多，而且 IISR 的教学任务很重，她显然没有太多时间用于寻找乌鸦。

地球上有十几亿条狗，其中约8亿条狗并没有和驯服这一物种的人类住在同一个屋檐下。巴德拉团队在加尔各答街头研究的狗并不是走失的家犬，也不是惨遭人类遗弃的家犬，而是世代以街头为栖息地的狗，通常被称为"自由放养"（free-ranging）的狗，因为它们并没有和人类住在一起，它们的祖先几百年来都是这么生活的。话虽如此，它们几乎完全依靠人类作为获取食物的来源，平时都在垃圾堆里觅食，在路边摊旁边寻找食物残渣，或吃当地居民给的食物——印度民间有不少关于喂养街头流浪狗的惊险故事。巴德拉研究的狗俗称"街上的狗"（street dogs），或"街头流浪狗"，不过有些其实并不生活在街头上（加尔各答的狗大多是的）。[11]

巴德拉带领一群本科生和研究生，研究这些狗的取食行为、交配策略、亲代抚育、攻击行为、权力动态。在加尔各答，狗群的领地往往可以很完美地与城市道路规划相结合，街道这侧是一群狗的领地，街道对面是另一群狗的领地。巴德拉的团队凭外貌就能认出每一条狗，他们用笔、纸、相机来记录信息。正午阳光毒辣，他们一般清晨或傍晚才出来采集数据。不仅科学家怕热，街头的狗也怕。"大多数时候，那些狗只是懒洋洋地坐着，什么也不做，"巴德拉说，"互动很少，但是（同一个领地内的狗友）关系很好……时刻关注彼此的动态……只要甲做了一件事，比如叫了一声，乙就会跟着做……我们看到的是十分微妙的领导力。"[12]

城市生境下的野生动物调查，尤其当调查对象是狗这种生物时，其中的挑战并不小。巴德拉的许多助手是本科生，他们几乎全是爱狗人士，而且很多人不曾上过动物行为学的课。"我每次都要完整交代一遍，告诉他们你在做观察的时候不能摸它，"巴德拉说，"不能抱它，不能喂它，就算它快死了也不能救它……不能让数据产生任何偏差。"

巴德拉他们尽了最大的努力与那些狗保持距离。然而，它们毕竟是生活在街上的狗，与人互动是家常便饭。"我们做实验的时候，经常受到很多干扰，"巴德拉说，"有人会问：'你在对我们的狗做什么，你喂我们的狗吃了什么，你是不是给我们的狗下药了？'"有些住在街上的爱狗人士会跑来监督巴德拉他们，确保这些人不是在虐待"他们的"狗。有些讨厌流浪狗或把它们当"瘟神"看（事实上，大多数情况下，它们并不会传播疾病给人类）的人巴不得听他们说，要毒死这条街上的所有狗。大多数人处于这两个极端之间，没有那么关心街上的狗，也不是完全不关心。

世界各地的街头流浪狗的社群系统各不相同。在加尔各答，在巴德拉所研究的狗当中，狗群内部似乎很平等，没有明显的优势等级。"我觉得这挺好的，"她笑着说，"有点民主社会的感觉。"至于狗群之间的权力动态，情况可就不一样了。在涉及领地的问题上，街头的狗会一改平时懒散的作风。它们虽不像缟獴或阿根廷蚁那么彪悍，但也不会轻易放过跑来抢地盘的家伙。

狗用尿液标记领地。每天晚上，它们还会大声嚎叫，宣示领地主权，而且叫的时间可长了，足以将住在同一条街上的人逼疯。通常情况下，街道两侧的狗群都很尊重彼此的边界，不会随意跨过那条线，偶尔会有一两条"缺心眼"的狗闯入对面的领地，随之而来的往往是一系列追逐。如果入侵者赖着不走，接下来就会是一场战斗。在绝大多数情况下，危机到这里便会解除，入侵者会识相地离开，双方的边界恢复原样。巴德拉说，在人类旁观者眼中，这时候的对峙其实很恐怖。她是这么描述这一场景的："在一个丁字路口，你看到两边各有一群狗，沿街站成一排。它们就那么站着，相互较劲，狂吠不止。突然，对峙结束了，大家回到各自的地方，继续在路边'躺平'。"

正如动物行为学家在许多动物社群中看到的，一个领地的价值越高，冲突就越有可能升级，有时甚至升级得很快。狗具有极其复杂的认知能力，有时就连研究人员也看不透狗群间的权力之争。即使冲突升级，所有参战的狗和旁观的人类都能明显感觉到这点，但是在这么紧张的局势下，有些令人匪夷所思的事也仍有可能发生。巴德拉举了一个例子，她说有两个狗群，一个大，一个小，共同生活在一块空地上，各自占据空地的一头。这块空地对双方都很重要，因为附近有许多路边摊，残羹剩饭很多。"这两群狗以前经常打架，"巴德拉说，"两边的公狗碰上了，少不了要来一场恶斗，已经有两条狗牺牲了。"

在研究其他狗群时，巴德拉的团队几乎总能成功地将一条狗安插到某一个群体中，但是最多只能插入一个群，再多就不行了。在这块空地上，他们却遇到了一条令人捉摸不透的黑狗，它居然能够在两个狗群之间来去自如，被所有狗接纳。

这条黑狗不仅能够与两边的母狗交配，还能自由出入两边的领地，随意与幼崽玩耍。理论上，这条公狗可以充当"和平大使"，为减少两边的暴力冲突而奔走呼号，然而事实并非如此。"当两边的狗相遇时，所有成员，不管公的母的，全都投入战斗中，"巴德拉说，"这条黑狗则安安静静地坐在空地边上，斯斯文文地观战，仿佛在看一场网球比赛，从不参与任何一场战斗。我们以前都管它叫'甘地'①。"

巴德拉他们至今仍不知道，为什么"甘地"要这么做，为什么两边的狗都这么包容它。不过，受到"甘地"及狗群的启发，巴德拉团队正在寻找新方法，更深入地探索加尔各答街头狗群之间微妙的权力动态。

---

① 甘地（1869—1948），印度民族解放运动领导人，提倡非暴力抵抗。——译者注

*

灵长类动物群体之间的权力争斗多到不胜枚举。不过，要研究这些
争斗可不容易，更不用说做实验了。梅格·克罗夫特（Meg Crofoot）说，
如果你是一名灵长类动物学家，"光是消除一个猴群对你的陌生感，你就
要费尽九牛二虎之力。大多数时候，研究多个群体之间的互动是一种奢
望。不是因为没有兴趣，而是因为人力有限，时间有限"。21世纪初，克
罗夫特是一名博士研究生，那时的她既有时间，也有兴趣。她打算去巴
拿马 ① 的巴罗科罗拉多岛（Barro Colorado Island, BCI），研究白脸卷尾
猴（学名：*Cebus imitator*）的权力动态（及其他行为）。

克罗夫特与美国麻省理工学院的研究生合租了一间公寓。一天晚上，
他们一起去了一家小酒吧，克罗夫特突然天马行空地说，她想要研究巴
罗科罗拉多岛的白脸卷尾猴，得请一大群助理帮她追踪好几个猴群。她
那几个工程师出身的舍友对她说"大可不必"，她真正需要的只是一个自
动追踪系统。但她越想越觉得，光是构建一个这样的系统，就可以单独
作为一个博士毕业设计项目了，不知要等到猴年马月才能用上。几年前，
她认识了两个人——马丁·威克尔斯基（Martin Wikelski）和罗兰·凯
斯（Roland Kays）。后来她发现，这两位朋友正好在开发一个自动无线
电遥测系统，他们把它叫作 ARTS，打算开放给所有巴罗科罗拉多岛的
研究人员使用。这正是她需要的东西。没想到好运就这么不期而遇。

在巴罗科罗拉多岛上，一个白脸卷尾猴群的规模从9只至25只不等。
在研究的准备阶段，克罗夫特请她的同事鲍勃·勒斯诺（Bob Lesnow）

---

① 南北美洲交界处的国家。——译者注

给猴子打麻醉镖，每个猴群麻醉一两只，然后给它们戴上无线电项圈。事情进展得还算顺利，虽然猴子很不喜欢脖子上的玩意儿（不喜欢是正常的）。有一只猴子特别不配合，项圈才戴了两天，就弄坏了天线。克罗夫特给这只猴子取了一个名字，叫"布拉沃·路易斯"（Bravo Louis）。"虽然我完全没有它的行踪数据，但是它活得好好的，"克罗夫特说，可怜的布拉沃只是想摆脱讨厌的项圈而已，"17年过去了……不可思议的是，现在，它看到我，反应都很正常。它一看到鲍勃（曾用麻醉镖射过它的人）——我是说，只要鲍勃一踏上这座岛，它就'哧溜'一下爬上树，立马逃到岛的另一边去。"

戴好项圈后，很快 ARTS 就开始每天24小时不间断地运行，每10分钟向克罗夫特发送一次猴子的位置。白脸卷尾猴非常团结，凝聚力很强。她只要知道一只猴子的位置，就能知道整个猴群的位置。遗憾的是，这些数据只能告诉她某只猴子在哪里，不能告诉她猴子在做什么。为此，她和助手采用了更传统的技术——重点个体采样法，在各个猴群之间轮流取样（观察）3小时，记录谁在进食、谁在理毛、谁在争斗等。那些日子过得尤为漫长，每天凌晨4点半就得开始工作。她会草草地吃完早餐，看一眼 ARTS 数据，确认每个猴群当天早晨的位置。"观察白脸卷尾猴会让你筋疲力尽，"克罗夫特苦笑着说，"它们可忙了，一刻都停不下来。"它们大部分时间都在剥东西，将所有能剥开的东西都剥个精光，不是为了找水果吃，就是为了找昆虫吃。"我觉得它们把操纵取食生态位的技能运用到了一切事物上，"她接着说，"经常和其他动物发生一些相当逗趣的互动，像是用尾巴卷起长鼻浣熊的幼崽，像套索一样用力抛出去，看浣熊幼崽在空中飞转。偌大的森林里，你找不到一个没被白脸卷尾猴骚扰过的动物，就连人类也曾遭其'毒手'。"

相邻猴群之间的边界是相当清晰的，但是通常存在20%的重叠，那里是群体间互动最频繁的地方（后面我们将看到，并非所有互动都发生在这里），平均每三天就爆发一次群体间冲突。"有时，当一个猴群的成员发现另一个猴群就在附近时，它们会立马转身跑掉，"克罗夫特说，有时，两群猴子都会爬上树，在树上发起攻势，"大只的雄性猴爬到高处，站在长长的树枝上跳啊跳，跳到树枝断裂，坠落到地面为止，其他雄性猴和雌性猴采取联合威吓姿态，爬到对方背上，一个脑袋叠在另一个脑袋上，跟叠罗汉似的，叠成一根图腾柱，朝对方做出凶神恶煞的鬼脸。"如果这都无法将对方吓跑，那么每一边的猴子"就会在地面上排成一排，像美式橄榄球球队一样，冲撞、吼叫、追逐"。克罗夫特接着说："在最激烈的时候，你经常会看到连还在带娃的雌性猴都参战了。小小的婴儿躲在母亲身后，紧紧地抓着母亲的背。"殊死搏斗很少发生，但并非完全没有。

对群体间对抗有了大致的了解后，克罗夫特开始借助 ARTS 提供的位置数据，慢慢拼凑出白脸卷尾猴的权力动态。你可能觉得这种方法比较迂回，无法直接看出谁是群体间对抗的胜者，但事实证明，它是一个"曲线救国"的好方法，能够出色地代替直接观察。"两个猴群相遇，"克罗夫特解释道，"要么一个猴群离开（败），一个猴群留下（胜）；要么两个猴群都离开，不会有其他模棱两可的结果。"这意味着，ARTS 在研究某些群体间行为上大有用处。[13]

ARTS 数据显示，输掉群体间权力之争的代价很高。战败的猴群将花更多时间寻觅水果、坚果、昆虫（这些构成了它们的大部分饮食），还可能被赶到食物资源匮乏的地区觅食。此外，战胜群与战败群的个体在夜宿地的数量上也表现出差异。[14]

克罗夫特还利用 ARTS 数据来寻找群体间对抗胜负的决定性因素，尤其是猴群大小与所处位置对战斗结果的影响。克罗夫特和同事分析了58次群体间对抗的数据，这些对抗的结果都是一个群体成功挤走另一个群体，从中发现了群体大小与位置之间耐人寻味的相互作用。"（理论上）大猴群比小猴群更可能赢，"她说，"但是，世事就是这么奇妙……由于某种原因，当（大猴群）入侵隔壁小猴群的领地时，它们（大猴群）却没有成功。"更具体地说，她发现每增加1个额外的成员，猴群在群体间对抗中获胜的概率就增加10%。不过，离领地腹地很近的小猴群也是一股不容小觑的力量。事实上，一个大猴群（或者任何猴群）从其领地中心向外每移动100米，它在群体间对抗中获胜的概率就锐减近1/3。

当小猴群处于其领地中心时，它们很有可能击退来犯的大猴群，原因之一是这片土地在小猴群眼中的价值更高。想要充分熟悉你所生活的这片土地，知道哪里食物资源丰富，哪里不会有捕食者出没，需要投入大量的时间与精力。与一个仍未投入精力熟悉这片土地的群体相比，这片土地对已经很熟悉它的群体而言更宝贵。除此之外，克罗夫特想知道，小猴群能够打败入侵领地的大猴群，是不是还有别的原因。会不会大猴群实际上并不强大，因为数量不能代表一切，说不定猴子也会浑水摸鱼？ARTS 数据与猴群数量相结合，确实是很有用的信息，但是它们无法验证这个推测。有一个理论或许可以。

克罗夫特看过一些从博弈论角度分析集体行动与"搭便车"问题[①]的

①　在公共经济学上，"搭便车"（free-riding）是指不承担任何成本而消费或使用公共物品的行为，让别人付钱而自己享受公共物品利益的人称为"搭便车者"（free-rider）。——译者注

文献。进化博弈论者通过大量建模，证实了经济博弈论者的发现：在社会群体中，自然选择总是倾向于那些从合作中获益却不承担任何合作成本的成员。如果有些成员承担了合作成本，有些成员可以享用同一资源却不必分担任何成本，那么有些喜欢投机取巧的个体便会选择当坐享其成的"搭便车者"，小日子过得很滋润。克罗夫特认为，大猴群在面对誓死保卫领地中心的小猴群时表现不佳，可能也有"搭便车"的原因。想知道这个推测对不对，最好的方法是去野外做实验，如果真有"搭便车"这种事，就能直接侦测到。经过一番思考，克罗夫特最终决定做录音回放实验。在她看来，这是最合适的实验方法。[15]

　　克罗夫特和同事找出以往录制过的音频，从六个猴群中挑选了四个猴群，为每个猴群各剪辑了一段一分钟长的音频，里头包含觅食的叫声、找到食物时的叫声、水果坠地的响声、猴子移动的声音，然后在每段音频的中间插入与战斗有关的啸叫，所有成员的声音都剪进去了，让听众对猴群规模能有个粗略的判断。接下来，他们向一个猴群播放另一猴群的录音，模拟外敌入侵的情境。在某些实验中，播放录音的扬声器被放置在实验对象（听众猴群）的领地中心。在某些实验中，它们被放置在实验对象的领地边缘。在所有实验中，扬声器都与音源所属的猴群位于同一方向，面朝实验对象播放录音。

　　如果一只猴子一听到播放的声音，就离开它所在的树，朝扬声器的方向移动5米，那么它就会被归为"靠近"的一员。当两个猴群起冲突时，这类猴子更有可能援驰同伴。如果一只猴朝扬声器的反方向移动5米，那么它就会被归为"退缩"的一员。当两个猴群起冲突时，一旦看到苗头不对，这类猴子极有可能临阵脱逃。

　　当扬声器位于领地中心时，个体做出靠近反应的可能性几乎是另一种情况（扬声器位于领地边缘）的7倍。此外，"搭便车"行为与对手所处位置密切相关：当扬声器位于领地边缘时，个体做出退缩反应（即"搭便车"）的概率比另一种情况（扬声器位于领地中心）高了91%。因此，正如克罗夫特一开始所猜想的，远离其领地中心的大猴群特别容易受到"搭便车"的影响，这一定程度上说明了为什么当大猴群远离其腹地，深入小猴群领地的中心，危及小猴群最宝贵的领地时，小猴群能够以少胜多。

*

乌干达的基巴莱森林国家公园（Kibale National Park）内，坐落着一个叫努迦（Ngogo）的研究站，克罗夫特的同事和朋友米歇尔·布朗（Michelle Brown）在那里，长期研究一个灵长类物种的社群。权力在这种动物的群体之间发挥着作用，方式虽略为不同，却同样吸引人。

过去15年里，布朗一直远离游客如织的公园中心，深入基巴莱人迹罕至的区域，研究红尾长尾猴（学名：*Cercopithecus ascanius*）。她招募了许多乌干达当地人，组成一支野外调查队，花数月时间将他们培训成助手，一起追踪红尾长尾猴，重点关注和绘制群体间的权力动态。

红尾长尾猴的领地意识很强，会竭力捍卫它们的巢域。和白脸卷尾猴一样，它们的领地多有重叠，那里经常爆发权力争夺战，大多是为了争一小块食物丰富的土地，至于为什么它们争的是"这棵无花果树，而不是那棵无花果树"，布朗坦承"我也不知道"。在一年当中的某个特殊时期，相邻的两群猴子平均每天会交锋一次。很快，布朗就摸清了规律，变成神机妙算的军事预言家。"我想说，我是个猴子通，"她扬扬得意地说，"我知道它们什么时候会打群架。"当她冥冥之中感觉到，有一场"大战"即将到来时，她会迅速调遣人员，让助手散开，埋伏在巢域重叠区前后边缘处，以及潜在的战场四周。猴子"在观望局势，相互交流，而我们则悄悄地分散开来"。

她虽然不曾看到哪只猴子在这些对抗中受到重伤，但战争总是残酷的。"如果它们抓住隔壁的一员，"布朗说，"它们就会打它，咬它，有时甚至将它从树上推下去。"在发生群体间对抗时，每只猴子应该都会感到"压力山大"，这个推测很合乎逻辑，大家都这么想，却没有人做实验去证明这个推测。布朗决定检测红尾长尾猴尿液中的激素水平，来验证这是不是真的。

布朗和同事用移液器采集红尾长尾猴在植物上留下的尿液，将采集到的样本储存在一个太阳能供电的小冰柜里，然后将冰柜运送出国，请海外实验室测量尿液里头的皮质醇水平，还有其他成分。在那些尿液样本中，有1/3的样本是在两个群体对抗期间或对抗刚结束时采集的，用于测量群体间对抗状态下的皮质醇水平，其他2/3的样本则用于测量基线状态下的皮质醇水平。布朗的团队总共采集了108份样本，来自23只红尾长尾猴。除了其中1只猴子外，另外22只猴子都各有两类样本，一类是对抗期间采集的样本，另一类是非对抗期间（基线状态）采集的样本。

布朗发现，群体间对抗样本的皮质醇水平更高，这与她的预期相符，因为压力一大，皮质醇水平就会上升，红尾长尾猴也不例外。不过，激素测定结果却给出了两个意想不到的"转折"。第一个转折是，有许多攻击行为研究曾表明，战败方的皮质醇水平比战胜方更高，但是这条规律对红尾长尾猴并不起作用——在它们的世界里，不管谁胜谁负，皮质醇水平升幅度都一样。另一个转折是，对抗期间或对抗刚结束时采集的尿液被测出皮质醇上升幅度更大。这大大出乎布朗的意料，因为其他灵长类动物研究表明，皮质醇的"黄金分泌窗口"是在应激事件（比如攻击）结束数小时后，而不是在发生期间或刚结束的时候，可红尾长尾猴的情况却是相反的。她不由得想，这是为什么？也许是因为，与其他猴子相比，红尾长尾猴集中分泌皮质醇的时间离应激事件更近，权力争夺带给它们的压力更大；也许是因为，红尾长尾猴能够敏锐地察觉到群体间对抗的前兆，比布朗等察觉到的时间还要早，提前开始分泌皮质醇，为即将到来的对抗做出超前反应。然而，这两个原因只是布朗个人的猜想，无法用她先前采集的尿液样本验证。尽管如此，如果有动物行为学家想要理解群体层面的权力动态，那么这两个原因还是很值得深入探究的。[16]

*

　　世界之大，无论在何处，无论是群体间的角力，还是个体间的角力，权力都至关重要。然而，权力是易变的，不管每个动物怎么倾尽全力争权保位，也改变不了这一点。有时，旧的权力大厦轰然坍塌，新的权力大厦拔地而起。

八 ◎ 权力更迭

没有人会为了放弃权力而夺取权力。

乔治·奥威尔

《1984》

　　动物时刻都在找机会逼迫其他个体交出权力，将权力收入囊中。下奥地利阿尔卑斯山脉的渡鸦当然也不例外。

　　渡鸦的政治斗争丰富多彩，不止第四章所述的干预行为和观众效应。托马斯·布格尼亚尔、约格·马森（Jorg Massen）及其同事发现，当其他个体之间的权力平衡发生变化时，渡鸦能够敏锐地察觉到这一变化。布格尼亚尔的团队曾录下两只渡鸦的鸣声，播放给同一鸟群中的另一只渡鸦听。在某些实验中，录音内容包含一只高等级个体发出的炫耀地位的鸣叫（Self-Aggrandizing Displays，SADs，意为"自夸展示"），一只低等级个体发出的表示屈服的鸣叫。从听众的角度来看，录音内容并没有任何不对劲的地方，也就是说叫声与地位是相符的：优势者发出了优势者经常发出的叫声，从属者发出了通常伴随屈服行为出现的叫声。

在其他实验中，布格尼亚尔动了一些手脚，让低等级个体发出 SADs 的鸣叫，高等级个体发出屈服的鸣叫，暗示二者之间的权力关系发生了颠覆性的变化。听到这一版录音的雌性鸟出现了更多"自我导向行为"（Self-Directed Behaviors，SDBs）[①]，这是动物个体在紧张环境下为缓解压力而采取的行为，暗示着权力结构的变化令它们感到焦虑。[1]

渡鸦会持续收集情报，更新权力结构中的成本与收益的关系，其他动物也一样。及时更新很重要，因为天有不测风云。有时，出于各种原因（包括某些科研人员为了做实验人为地修改权力秩序），旧的权力结构可能会突然解体，新的秩序突然拔地而起。

*

当我和艾伦·摩尔（Allen Moore）找到迈克尔·阿尔菲力（Michael Alfieri），告诉他我们正在做一个项目，是关于权力动态的，问他想不想"入伙"时，他从来没有想过"入伙"的后果是——在一个昏暗的地方，比如，一个逼仄、阴暗、四周全是蟑螂的小房间里，独自一人埋头苦干。唉，那时的他还只是一个年少无知的孩子。

当时是1992年，我是美国肯塔基大学进化生态学博士后研究员，摩尔是我们学校农学院的教授（他的学院远在校区另一头），阿尔菲力是新晋博士生。摩尔曾研究过灰色庭蠊（学名：*Nauphoeta cinerea*，俗称：龙虾蟑螂）的优势等级，我对权力演变有着浓厚的兴趣。某天，我和摩尔一拍即合，共同酝酿了一个实验，一个完美结合了两人兴趣（蟑螂 + 权

---

①　指与当下情境无关的行为，比如突然梳理自己身上的羽毛。——译者注

力）的实验。阿尔菲力是我在其他项目上的同事，如果他愿意加入这个新项目，那将是锦上添花的好事。于是，我邀请了他，他也欣然接受。当时，他的心理活动是："蟑螂？……行呀，不过就是另一种经常被用来检验社群演化规律的模式物种①，没什么大不了的。"

那时候，关于优势等级是否具有可复制性，即它解体后是否还能恢复原状，整个动物行为学界只做过一个对照实验，该实验是1953年做的，对象是一群鸡。灰色庭蠊的社群结构很适合这样的实验，能够很好地填补该领域的空白。灰色庭蠊能够形成严密的线性等级结构，它们的攻击行为（顶撞、前扑、啃咬、踢踹、抓抱）很好记录，它们的屈服行为（绕道、蹲伏、退缩、撤退）也很好记录。重要的是，这种动物研究起来可方便了（还很便宜），摩尔在学校里养了好几个大型繁殖群落。[2]

灰色庭蠊是夜行性动物，不过它们是红色盲，看不见红色的光。我们有一个小房间，白天开着阴森的红光，好骗过养在里头的蟑螂，让它们以为是夜晚。对于蟑螂而言，那是一间昼夜颠倒的小房间。在那里，阿尔菲力的主要任务是在红光下观察蟑螂，进行优势等级"形成与再形成"的实验，即让那些虫子自发地形成优势等级，接着人为地推翻它们的"劳动成果"，让它们重新形成优势等级。在实验开始之前，阿尔菲力还得做一些准备工作。他记得，自己"曾花了好几个小时的时间，一只一只地往蟑螂背上粘数字编号"。那时的情景，至今历历在目。我们总共分了11个小组，每组有4只贴着"号码牌"的雄性灰色庭蠊，体形、年龄相仿，还有一个鞋盒大小的塑料盒，里头摆放着"擂台"，上半部涂了一

---

① 模式物种指更容易被观察和实验的生物，用于揭示具有普遍规律的生命现象。——译者注

层滑滑的凡士林油,让虫子没法"越狱"。房间的墙壁上还摆满了各种小箱子,里头住着摩尔养的几百只蟑螂,另有用途。

一旦同一组的4只雄性蟑螂齐聚一堂,阿尔菲力就会化身"解说员",密切关注它们在擂台上的表现,对着录音机解说战况,大喊"蟑螂1号向2号冲了过去"之类的话。"直到今天,我仍记得那个房间,"阿尔菲力说,"记得我死死地盯着在擂台上打架的4只蟑螂看,耳边充斥着身后几百只蟑螂在盒子里爬来爬去的窸窣声……房间很热,我穿着短裤和汗衫,总感觉有蟑螂在我身上爬,总忍不住伸手去拍身上并不存在的虫子……我能感觉到它们贴在我的肌肤上,虽然它们根本没有爬出来过。20年过去了,我依然记得那些声音,还有那种感觉。"

实验共持续了8天,分两轮"擂台比武"。第一轮"比武"耗时3天,每天阿尔菲力都会记录每组蟑螂使出了什么攻击招数,或做出了什么屈服行为。在11个小组中,有10个小组形成了清晰的线性优势等级。他将这10个小组的雄性蟑螂抓出来,每只单独住一个盒子,好吃好喝地供着,养精蓄锐2天。到了第二轮"比武"时,10个小组的雄性蟑螂重新回到各自所属的擂台上。这一轮同样为时3天,阿尔菲力同样每天记录蟑螂的行为。数据显示,每组雄性蟑螂重聚后,依然形成了线性优势等级,但是"复制"结果参差不齐:5个小组形成了与第一轮完全相同的结构,4个小组形成了截然不同的结构。换句话说,在受到干扰的情况下,有些群体的优势等级会分崩离析,有些群体的优势等级则坚不可摧。

我们仔细观察每组第一轮冠军在第二轮的表现,努力寻找那5个小组之间的共同点,即重新形成相同优势等级的5个小组,最终只找到了一点:在第二轮中,这5个小组的冠军更少参与打斗。至于为什么,我们并不知道。另外,在第二轮中,有4个小组的权力序位变了,这4个小组有何特别之处，一直到最后我们也没找到答案。尽管如此，至少我们终于有了一些与优势等级可复制性相关的数据，这也算是朝着正确的方向迈出了重要的一步。[3]

权力结构一旦确立，就会进入很长的稳定期。但是，灰色庭蠊让我们看到，它有时也很脆弱。动物会实时评估成本与收益，结果也许会撼动现有的权力结构，以人类尚未参透的复杂方式撼动它。圣地亚哥岛上的猕猴、韦拉克鲁斯州森林碎片里的鬃毛吼猴、坦噶尼喀湖里的慈鲷将向我们展示，旧权力如何衰败，新权力如何崛起。动物行为学家正努力解开它们身上的谜团：是什么引起了内部政变与外部侵略；权力嬗变如何影响着权力各方的激素、基因表达及其他生理特征；当新秩序从旧秩序的灰烬中崛起时，新上位者会怎么做；曾经强大过的被废黜者又将何去何从。

*

猕猴（学名：*Macaca mulatta*，别称：恒河猴）的权力争夺大多围绕着家庭关系、仪式化展示、温和攻击展开，包括无比耐心地等待地位比自己高的家伙老死。不过，并非所有猕猴都如此沉得住气。大暴动时有发生。"光凭普通的战斗不足以颠覆一个群体的权力结构，" 30年来一直在研究这类猴子的达里奥·迈斯特里皮埃里（Dario Maestripieri）说，"要让一只在首领位置上坐了10年的雌性猴下台，方法基本上只有一个，那就是将它和它的家庭成员赶尽杀绝，否则它们只会本能地为了保住家庭的权力而战斗至死。"

迈斯特里皮埃里是一名博士后研究员，在耶基斯野外观测研究站工作，该野外观测研究站位于亚特兰大①郊外20英里（约32.2千米）处，站内有许多大型户外围栏，里头生活着1000多只猕猴和豚尾猴。在那儿，迈斯特里皮埃里目光所及之处，皆可见为权力而奔波的猕猴，它们不是在争夺权力，就是在保卫权力，偶尔还会发动全面的革命，场面极为惨烈。

耶基斯的猕猴是母系社会，地位大多在母女之间传承。在一个由100多只猕猴构成的社群中，成员最多的母系家庭（matriline）通常是最强的，成员第二多的母系家庭第二强，以此类推。有一次，地位最高的母系家庭成员有所减少，从此留下了隐患。"排名第二的母系家庭在成员数量上超过了它，"迈斯特里皮埃里道出了真相，"权力格局注定要变天。有一天，一场大战突如其来地爆发了，排名第二的家庭……攻击所有等级更高的雌性猴，出手凌厉，不留活口，真是一场血战……在以推翻当权者为目的的革命中，策反者一出手，招招致命……专挑脸和脖子咬。"

革命的开端总是平淡无奇。平时，排名前二的两个母系家庭经常发生小冲突，没有特别暴力的行为，只是些日常的小打小闹（威吓、冲撞、追逐等），还有息事宁人的屈服（蜷缩、龇牙、回避等），这些行为在平时都很常见。一旦爆发小冲突，争斗双方的亲属就会迅速赶来支援，这也是很正常的现象。很快地，地位最高的家庭里的高等级雌性猴也会驰援。到了这一步，冲突通常很快就会被摆平，但是当地位最高的家庭日渐式微，"猴"口越来越少时，排名第二的家庭可就没那么好打发了。"它们喊来更多亲属盟友，"迈斯特里皮埃里说，"最后它们赢了……结果是

---

① 美国城市。——译者注

一场权力的大洗牌。斗争往往发生在夜深人静时。隔天早晨我们过去时，只看得见横陈遍地的尸体。"

当地位最高的母系家庭失去权力时，它的成员在社群里的地位会一落千丈，而不是简单地往下掉一位。"被赶下台的雌性猴直接跌落谷底（沦为最低等的贱民），"迈斯特里皮埃里说，"原先等级最高的雌性猴变成等级最低的雌性猴，如果它能侥幸活下来的话……它的所有亲属也会被贬到底层。"

后来，迈斯特里皮埃里发现，雄性猕猴的群体内也有革命发生，只是没这么血腥。1999年，他离开耶基斯野外观测研究站，去美国芝加哥大学任教。他的朋友兼同事梅丽莎·杰拉尔德（Melissa Gerald）建议他转移阵地，去研究圣地亚哥岛（Cayo Santiago）的猕猴，那是波多黎各（Puerto Rico）①东南海岸的一座小岛，岛上生活着5~10群猕猴，它们有着共同的祖先——1938年从印度引入的一群猕猴，一年当中的大部分时间都能在岛上"横行无阻"。为了工作，大家通常会在蓬塔圣地亚哥（Punta Santiago）这座小镇上租一间宿舍。每天早晨，研究员（比如迈斯特里皮埃里和他的学生）会从该小镇出发，坐10分钟的轮渡去岛上，同船的通常还有六七个科学家。到了晚上，所有人都会离开岛。

迈斯特里皮埃里、亚历山大·格奥尔吉耶夫（Alexander Georgiev）、詹姆斯·海厄姆（James Higham）和其他同事靠着望远镜、笔、纸，偶尔还有照相机，观察到了两次权力更迭：一次来自内部的政变，另一次来自外部的吞并。岛上的雄性猕猴有时会"退群"，申请加入另一个群。"刚进群的雄性猴通常要从最底层做起，"迈斯特里皮埃里说，"前几个月

---

① 波多黎各，美国位于加勒比海地区的一个自治邦。——译者注

或几年表现得很顺从，韬光养晦，慢慢往上爬。"不过，R群的雄11Z一点也不想遵守这个传统。雄11Z是一只9岁大的成年雄性猴，曾当过R群的首领，在2013年3月初突然"跳槽"去了隔壁的S群，与那里的雄性猴基本都比试过，最终赢下了96%的对抗（有的是它主动挑起的，有的是其他猴子挑起的），于2013年3月15日成为S群明显最强的雄性猴。即使有几只雄性猴联手打它一个，雄11Z也从没认屄过。"在（我们的）视频中，你能看到几个老成员联手围攻它，但是它不曾退缩。它一直坚守阵地，一步也没有退让，最终打败了它们。"

在S群站稳脚跟后，雄11Z开始跟雌性猴交配。与群内的其他雄性猴成员相比，它交配过的雌性猴是最多的。后来，群内突然发生了变故。自从雄11Z夺走首领地位后，群内的其他雄性猴一直没有停止过反抗。7月17日，雄11Z突然倒台，沦为地位最低的雄性猴，从此一蹶不振。迈斯特里皮埃里的团队没有亲眼看到它垮台的全过程，但是它显然经历了一场恶战。那天的它伤痕累累，后脑勺和大腿内侧都有严重的伤口，睾丸上方也开了一道深深的口子。从那天起，其他雄性猴纷纷以它为攻击对象，主要是那些地位较低的雄性猴，经常动不动就欺负它。身为最卑微的雄性猴，它的进食权是最低的。几个月后，它的体重下降了15%，是群内瘦得最多的雄性猴。更可怜的是，血样检测结果显示，在S群的所有雄性猴中，11Z的新蝶呤（neopterin）水平最高，这是检测炎症与感染的指标之一。[4]

其他时候，雄性猕猴的政变大多来自内部，来自海厄姆和迈斯特里皮埃里所称的"革命联盟"。在他们追踪观察的一个猴群中，有一次许多中层阶级的雄性猴集结起来，攻击地位更高的雄性猴，包括猴群里的"首领"（alpha male）和"老二"（beta male）。这些革命联盟狠起来，相当冷酷无情：海厄姆和迈斯特里皮埃里在论文《雄性猕猴的革命联盟》（"Revolutionary Coalitions in Male Rhesus Macaques"）中讲述了猴老二（雄）83L的故事："第一次观察，6月22日，涉及（雄）57D、44H、50B。（雄）83L被逐出群体，赶到海里去。后来的两周里，（雄）83L多次遭受攻击，被迫得到处逃窜……（它）多次被赶到海里去……在观察期间，联盟成员时有变动。（雄83L）最终被允许回到猴群边缘，当一个低等级的成员。"

在短短几个月内，被该联盟盯上的所有雄性猴全都"落马"，地位一落千丈，（前）首领甚至被迫永远离开猴群，不得回来。在那段时间内，几乎所有联盟成员的地位都往上升了。

在猕猴的社群中，权力不仅会给你带来回报，还会使你成为后起之秀欲除之而后快的对象[5]。

*

在迈斯特里皮埃里研究的猕猴中，有外部势力"单枪匹马"前来争夺首领地位，也有内部势力相互勾结，联手发动政变夺权。除此之外，灵长类动物还有其他颠覆权力秩序的方法。鬃毛吼猴（学名：*Alouatta palliate*）是佩德罗·迪亚斯（Pedro Dias）研究多年的灵长类动物，它们生活在图斯特拉区（Los Tuxtlas）①的森林里，有时会和盟友一起出走，迁徙到新的土地上，瓜分当地"原住民"的权力。这也是一种改变权力秩序的方法。

---

① 墨西哥韦拉克鲁斯州（Veracruz）的一个地区。——译者注

"在我很小的时候，整个葡萄牙只有一个电视频道……播放关于动物的纪录片，播出时间在星期六早上（而且是唯一的播出时间），"迪亚斯说，"我一直很想研究动物，问题是我这人爱好太多，学习成绩太差。"他的成绩差到考不上比较好的生物学系。幸好，正如迪亚斯自己说的，人类学专业的门槛相对低一点，而且他到了该上大学的年纪，反正人类学家研究的并不全是人类，于是他就选了人类学这条"曲线救国"的道路。一开始，他感到很无聊。"后来，我选修了生物人类学，这是一门神奇的课程……它让我茅塞顿开，"迪亚斯说，"原来我可以一边修人类学，一边研究动物，文凭、爱好两不误。"

除了生物进化学、种群遗传学及动物行为学的基础知识外，该课程还包含了野外观察实践。一开始，迪亚斯在里斯本动物园（Lisbon Zoo）做了一个小项目，算是初次体验了一把野外调查。后来，一位硕士研究生过来开讲座，在课堂上介绍了他在墨西哥做的鬃毛吼猴研究，把迪亚斯的魂都给勾走了。于是，他自己也做了一个关于鬃毛吼猴的硕士研究项目，研究的是韦拉克鲁斯州一座小岛上的鬃毛吼猴，但这个种群是从其他地方转移过来的，有近交问题。后来，为了他的博士研究，迪亚斯去了图斯特拉区，那里有一项长期的鬃毛吼猴研究项目。[6]

图斯特拉区由许多支离破碎的森林组成，那些森林碎片散落在私人土地上。对于居住其间的猴子而言，这意味着"人类活动严重干扰了猴子们在森林里的自由穿梭"。迪亚斯说，"不管去哪里，它们都得慎重考虑，因为草地太多了，它们可能得从树上下来，在草地上走一段路，才能到达某处森林"。但是，它们一点也不喜欢这么做。这样的地貌不仅令猴子颇受困扰，还给一个踌躇满志的博士研究生增加了额外的阻力。"土地的主人今天可能同意让你研究（住在他家那片森林里的）猴子，"迪亚斯说，

"明天可能就反悔了，必须付钱才肯让你进去。"幸好那里随处可见鬃毛吼猴，而且环境很不错。后来，他和另一个博士研究生在附近的小镇蒙特皮奥（Montepío）合租了一间房子。

每天清晨，迪亚斯在4点30分吃完早餐便出门，打着手电筒走在灰蒙蒙的森林里，去前一天晚上最后看到猴群的地方。鬃毛吼猴通常在早上和下午活动，它们会在树木之间穿梭，边走边吃，一般以最后一棵进食的树为落脚点，当晚就睡在那儿。因此，只要找到它们前一晚停留的树，与它们重逢的机会就很高。"如果你在它们结束早上活动后才过去，那么你就很难找到它们了，"他说，"那一天，你将一无所获，什么也观察不到。"

迪亚斯通常一边用望远镜观察树上的鬃毛吼猴，一边对着录音机说话。它们身上全都带有标记，再结合各自的毛发纹路，每只都不难辨别，难的是测量它们之间的距离，即"接近性"（proximity），但是记录这项数据很重要。就灵长类动物而言，鬃毛吼猴属于互动频率比较低的一类，因此它们选择在什么场合、什么时间靠近彼此，将是极为关键的信息。迪亚斯的解决方法既简单又巧妙："我知道一只普通鬃毛吼猴的臂长为35~40厘米，所以我就以这个数字为目测的基础。"

大多数情况下，猴群内部的攻击行为都很"斯文"，彼此都很"礼让"。到目前为止，迪亚斯观察到的最常见的攻击性互动是"替代"（supplant），即一只猴子靠过来，另一只猴子麻溜地离开。有时，两只猴子之间会发生一点小推搡。有时，迪亚斯说它们会"弓起背脊，摇晃树枝……折断一根树枝，再折断一根，一边叫啊叫，一边摧残小树枝"。大多数时候，它们只会欺负小树枝。在罕见的情况下，它们可能会来真的，抱住对方咬来咬去，但是几乎不曾有谁被咬成重伤过。

在迪亚斯观察的社群里，猴群之间也鲜少出现喧闹声。"它们都以避免冲突为原则，"他笑着说，"……它们会发出一些独特的叫声，靠声音判断邻近猴群的位置，从而避开彼此。"如果两个猴群不可避免地相遇了，结果也只是虚惊一场："有时会出现让人忍俊不禁的画面，两个群体的（成年）雄性猴在树上猛摇树枝，互相吼来吼去，把所有虚张声势的招数都使了个遍。两边的幼猴也纷纷跑出来，在（成年）雄性猴中间无忧无虑地玩耍。"

偶尔也会发生让人笑不出来的事。迪亚斯记得，有一只雄性猴离开它的群体，三年后带着配偶回到故土，看中了某个猴群的巢域，打算在那里安家落户。"它动手打了长期定居在那里的雄性猴，将它从树上扔下去。"他说，"在真正涉及利益时，场面就（有可能）变得很暴力。"

2003年12月，迪亚斯亲眼看见了一次夺权行动：一对雄性猴入侵了MT群（由两只雄性猴、四只雌性猴、五只幼猴构成）的领地。迪亚斯光是站在蒙特皮奥宿舍的走廊上，就能听到它们厮打的喧哗声。这对雄性猴将其中一个成员打到奄奄一息，扰乱了MT群原本平静的生活。附近有另一个猴群RH，成员组成与MT群相似，但是不曾被外来雄性猴入侵。这就为迪亚斯提供了一个天然的对照组，让他能够分析外来入侵的影响。

MT群的总体攻击性比RH群高很多。迪亚斯还发现，RH群并没有表现出严重的攻击行为，比如殴打和啃咬，这些行为在MT群内部却很常见。最让迪亚斯意外的是，入侵MT群的两只雄性猴十分默契，合作无间，它们会同时啼叫，一起攻击其他个体，互动极为亲密，比MT群或RH群里的任何一对好兄弟都要亲密。这意味着，想要颠覆权力格局，有时需要超常的合作精神。

*

有时，除了灵长类或陆生动物的世界外，水下世界也会发生戏剧性的权力更迭。至少坦噶尼喀湖的某个慈鲷种群中就曾发生颠覆性的权力更迭，从行为到激素，再到大脑和精巢的基因"开关"，一切都不复从前。

"当我去夏威夷开展博士研究工作时，我研究的是当地特有的一种雀鲷，"凯伦·马鲁斯卡（Karen Maruska）说，"这挺好的，没有人研究过这种鱼，所以不管我做什么都是新的。后来，慢慢到了某一个阶段，我开始想探索更深刻的问题，更宏观的问题。然而，在这个物种身上，没有完善的工具，没有数十年的基础研究，想做到这点是不可能的。"她可不想花几十年的时间在这种物种身上做基础研究。于是，她将视线转向其他地方，寻找能够更深入探究其社会行为（包括权力动态）的物种。"慈鲷是一种社会性很强的鱼，"马鲁斯卡接着说，"从进化学的角度来看，它们是一种很成功的生物，能够迅速调整自己，适应环境。我完全被这个模式生物给吸引住了。"

临近毕业，马鲁斯卡参加了一场会议，在会场展示她的海报。拉斯·弗纳尔德（Russ Fernald）主动过来与她交流，他是慈鲷进化和生态学领域的传奇人物，也是马鲁斯卡想要申请的博士后导师之一，对他的伯氏妊丽鱼（学名：*Astatotilapia burtoni*）神经生物和激素研究早已有所耳闻。两人互相留了邮箱地址，很快弗纳尔德便向她抛出橄榄枝，录用她为他在美国斯坦福大学的实验室的博士后研究人员。

两人主要从行为学和神经生物学角度研究伯氏妊丽鱼的繁殖。高等级雄性鱼会在领地内挖坑筑巢，引诱雌性鱼入巢产卵。平日里，它们不是忙着驱赶其他雄性鱼，就是忙着向雌性鱼求偶，求偶场面极为壮观。

在雌性鱼面前，它们会卖力地摇摆颤动，将身体颜色变得更鲜艳，一边不遗余力地"卖弄风骚"，一边留意从属者的动静。"从属者的精巢虽小，却装满了精子，"马鲁斯卡说，"为了跟雌性鱼一起'造娃'，它会见机行事……只要有缝隙可钻，它就会插入繁殖对之间，将精子注入鱼卵。"如果四周没有乘虚而入的从属者，优势者就可以心无旁骛地求偶。这时，它会发出短促的求偶鸣声，摆动鱼尾，转向自己刨好的坑，引诱雌性鱼过去。

伯氏妊丽鱼是用口孵卵的生物。如果配对成功，雌性鱼就会将卵产在雄性鱼的坑内，接着用鱼嘴含住卵。雄性鱼继续卖力地求偶炫耀，同时将精液射入雌性鱼口中，使卵子受精。最后，雌性鱼含着满嘴的受精卵离去，两周后就会孵出自由游动的幼鱼。

这是一种神奇的繁殖方式，令研究它们的人叹为观止，同时又忍不住思考其中的权力问题。"雄性鱼的领地意识特别强，它们捍卫领地的能力有多强，决定了它们繁殖的成效有多高。"马鲁斯卡说，"如果它没有一块积极捍卫的领地，它就没有繁殖机会。领地等同于繁殖机会，它需要攻击性（来守住它）。"这让她不由得思考起权力来，尤其是权力的更迭。后来，她接受了路易斯安那州立大学的助理教授岗位。在那里，她拥有了自己的伯氏妊丽鱼种群，并有了深入探究权力的机会。

马鲁斯卡在实验室里养了1000多条伯氏妊丽鱼。她的实验室里全是货架，上面摆满了30~50加仑（1加仑约为3.8升）不等的鱼缸，每个鱼缸住20条鱼，雌雄混居。除此之外，每个鱼缸中还有2~3个小花盆，优势雄性鱼会以它们为据点，在四周建立领地。和美国所有实验室里的伯氏妊丽鱼种群一样，马鲁斯卡的这些鱼也是弗纳尔德20世纪70年代从坦噶尼喀湖带回来的丽鱼的后代，她本人从未去过坦噶尼喀湖。"拉斯曾经对我们说，这种鱼在那个地区很常见，可惜那里的政局一直很动荡，"她说，"在很长一段时间里，去那里是很不安全的事。"但是，她一直渴望有朝一日能够亲自去那里一趟。

关于慈鲷的权力动态，马鲁斯卡读得越多，思考得越深，就越觉得"没有哪条鱼愿意在优势等级上'往下走'，但是我们对'往下走'知道得比'往上走'还要少"。于是，她决定从行为、激素、基因、神经生物学的角度探索这种鱼的权力变化。

拥有领地且更占优势的雄性个体外观看上去与从属者截然不同，行为也天差地别。优势者身上色彩亮丽，有的呈黄、蓝两色，有的通体亮黄色，有的通体蓝色（从属者的颜色则暗淡多了），一条黑色纵纹贯穿眼部，鳃上有一个小黑点，鳃后面有一片红斑，这些特征从属者身上都没有。大多数时候，优势者都在捍卫领地，驱赶同性，追求异性，而从属者不是在躲避优势者，就是在甩掉优势者。不过，风水轮流转，马鲁斯卡及其同事都懂得这个道理。当权力发生剧烈动荡时，随着个体的崛起与衰落，一切终将被改写。[7]

为了知道雄性鱼失去优势地位后会如何，马鲁斯卡团队在大的公共鱼缸里物色了一批实验对象——拥有领地且过去三天里积极捍卫领地的"排头兵"，将它们捞出来，每只单独放入一个小鱼缸中，并派两条雌性鱼给它做伴，让它们不受打扰地生活一段时间。等它们以小鱼缸中的花盆为据点，重新建立起领地之后，研究人员便抽走缸中的不透明隔板——有的隔板后面住着一条更大的雄性鱼（比实验对象大10%~20%），有的住着一条更小的雄性鱼（比实验对象小5%~10%），有的没有鱼。马鲁斯卡团队猜测，遇到体形更大的对手，实验对象将失去领地（和优势地位），遇到体形更小的对手，实验对象将守住领地（和优势地位）。

如马鲁斯卡他们所料，面对更大的对手，实验对象很快就失守了。在30分钟内，它们眼部的黑色纵纹消失了，身体颜色暗淡了许多，攻击行为迅速减少，皮质醇（衡量压力的指标）水平飙升至另一组（面对小个子对手的）实验对象的两倍以上，大脑也表现出最为显著的变化——早期基因（Immediate Early Genes, IEGs）呈现快速表达，这是细胞经外部刺激后最先表达的一组基因。自从地位变低后，领地占有者大脑中的即早期基因 cfos 和 egr-1 的表达水平远远高于另一组实验对象。目前，马鲁斯卡等仍在研究这两个基因表达升高的意义，这个问题极其复杂，但是至少有一点是毋庸置疑的：地位、领地、权力的丧失，将引起行为、激素、神经、基因表达的一系列连锁反应。[8]

为了"解锁"地位上升给这种鱼带来的改变，马鲁斯卡团队做了另一个实验。他们先将实验对象放入公共鱼缸，让它和一条体形更大、更占优势的雄性鱼"同居"一阵子，接着将它转移到一个更小的鱼缸中，那里也有一条体形更大且占有领地的雄性鱼，另有三条或四条雌性鱼。等实验对象当了两天憋屈的从属者之后，马鲁斯卡或组里另一个人晚上偷偷潜入实验室，戴上夜视镜，在黑暗之中，神不知鬼不觉地"掳走"优势者。第二天早晨，实验室里的灯开了。没过几分钟，实验对象意识到优势者不见了，便毫不客气地霸占了它留下的领地，并开始向雌性鱼献殷勤。不仅如此，它们还容光焕发了起来，身体颜色变鲜艳了，黑色纵纹浮现了，精巢变大了，生精能力变强了，就连睾酮及各种垂体激素的循环也在30分钟内加快了。马鲁斯卡团队希望有一天，他们能够给这些"鱼儿绑上小小的发射器，在它们游动时记录神经活动"。如果成功了，那将成为一个强大的工具，助我们在永无止境的探索道路上，更好地洞悉非人类动物社群的权力动态。[9]

*

今天，无数研究人员正深入世界各地的动物社群，不遗余力地全方位研究它们的权力动态，包括权力的成本与收益、权力争夺的评估策略、胜利者与失败者效应、旁观者与观众效应、联盟在夺取与稳固权力中的作用、群体内的干预行为、群体间的权力争夺、强权的崛起与陨落。

跋

如今是研究非人类社群权力动态的好时代，世界各地的顶尖科学家正抽丝剥茧，层层深入权力的根源。虽然我们仍有一段很长的道路要走，但我坚信有一天我们一定能够以理论为基础全面阐释非人类动物的权力动态。

关于如何以概念为基础综合性地阐释它，任何大胆的预言都有可能"翻车"。不过，我们可以相对保险地说，它应该会有以下几个基本特征：

· 它必定是复杂的，因为权力是复杂且多面的。

· 它将以进化论为核心，也就是说它将在实验与理论的双重层面上更深入地理解权力的成本与收益，因为它们在特定生态环境中发挥着长期的重要作用。

· 它将吸纳更多新理论来壮大自己。我的直觉告诉我，它将更依赖社交网络理论，以期更深入地理解权力的效力如何在群体内和群体间传播（有时是以波浪状的形式传播）。

· 它不仅会加深我们对权力的理解，还会丰富我们对非人

类行为的认识，因为所有权力动态都离不开构成动物日常生活
（取食、交配、育幼、生境选择、保卫领域等）的社会环境。

· 它将得益于数据采集技术的新突破，有些技术近来已落
地，有些尚处于摇篮之中，或仅进入了概念设计阶段。不管技
术如何日新月异，都不可能取代旨在验证权力假设的野外（或
实验室）动物观察。它们只会改变观察的方法。观察方法正以
惊人的速度发展，本书其实已经给出了例子：GPS 坐标定位
器被用于追踪卷尾猴和鬣狗的位置，推断它们所经历的权力动
态；无人机被用于研究海豚的权力争夺，很快将应用于缟獴；
水下机器人能够"看见"红光，捕捉到乌贼争夺权力时的肤色
变化。

未来必将涌现更多突破性技术。动物行为学家已经开始
在森林和其他地方部署大规模的摄像头矩阵，只要出现动物运
动，就会自动触发开关。当然，这些摄像头系统并不是为研究
权力而部署，但是它们捕捉到的数据也能为我们所用，给予我
们更多关于权力的信息，说不定还蕴藏着我们意想不到的收
获。除了在地面上，我们在天上也有大动作。马克斯 - 普朗克
动物行为研究所最近（与俄罗斯航天局和德国航空航天中心合
作）发射了伊卡洛斯号（Icarus）卫星，致力于采集大规模动
物迁徙模式的数据，甚至可以在辽阔的草原上追踪特定的动物
个体，清晰度很高。伊卡洛斯信号发射器仅约5克重（很快就
会减少至1克），正在紧锣密鼓地量产中。最近，在一个试点项
目中，研究人员给欧亚大陆、美洲大陆的5000只乌鸫戴上了内
植这一发射器的脚环，追踪它们的行踪。我相信，聪明的动物

行为学家很快也会找到将伊卡洛斯号或其他卫星用于非人类社群权力研究的方法。

·它将得益于动物观察方法的突破，不仅是空间位置方面的突破，还有社群互动方面的突破，得益于权力震荡下动物体内变化的研究进展。内分泌学与神经生物学取得的新进展，不仅有助于理解权力行为对激素水平和神经活动的影响，还有助于理解激素和神经调节对权力动态的反作用，这些可以通过许多方法予以实现，比如实时追踪激素变化与神经活动。基因表达领域的进展，也将有助于理解基因"开关"如何影响权力争夺。

未来几年，这些领域将精彩纷呈，硕果满枝，值得期待。

最后，此书写作之时，正值新冠肺炎疫情肆虐全球。所有人的生活方式都被颠覆了，社交隔离成了必要的规范。幸运的是，在疫情期间，本书提到的所有科学家都能从百忙之中抽出空来，与我分享许多宝贵的信息以及妙趣横生的故事。他们娓娓道来的那些奇妙的历程，总能给我一种身临其境的感觉，一种神奇的慰藉，仿佛我也与他们一起，参与了非人类动物权力的研究。

我希望阅读此书的你也能有这种身临其境的感觉，仿佛正和理查德·康纳一同坐在船尾，看南宽吻海豚在鲨鱼湾建立它们的权力王国；和凯伊·霍尔坎普一同坐在鬣狗营地的篝火旁，互相分享鬣狗与权力的故事；和托马斯·布格尼亚尔一同在世外桃源般的阿尔卑斯山脉中观赏渡鸦的权力政治；和约瑟夫·华斯一同匍匐在新西兰的洞里，解密小蓝企鹅的权力游戏。在某些不那么美好的日子里，想象自己在加尔各答观察街头流浪狗，在墨尔本观察壮丽细尾鹩莺，在加州观察北象海豹，在肯尼亚观察白额蜂虎，心情就会美丽许多。

科学与冒险的碰撞，足以产生奇妙的组合、美丽的传说。

致谢

我一直觉得，我的动物行为学家小伙伴们是地球上最善良的一群人，创作这本书的过程让我更加笃信这一点。我要感谢以下所有研究人员，感谢他们（通过视频、电话、邮件）接受我漫长的访谈：

迈克尔·阿尔菲力、洪若茬、史蒂文·奥斯塔德、西里尔·巴雷特、马修·贝尔、阿宁迪塔·巴德拉、罗伯托·博纳尼（Roberto Bonanni）、艾洛蒂·布里费、米歇尔·布朗、托马斯·布格尼亚尔、迈克尔·坎特、卡罗琳·凯西、理查德·康纳、梅格·克罗夫特、弗朗斯·德瓦尔、佩德罗·迪亚斯、瑞恩·厄利、佩里·伊森、罗伯特·埃尔伍德、史蒂夫·埃姆伦、马格努斯·恩奎斯特、克劳迪娅·费、约翰·菲茨帕特里克、杰西卡·弗莱克、罗杰·汉隆、凯伊·霍尔坎普、大卫·霍尔韦、多姆纳尔·詹宁斯、康斯坦茨·克鲁格（Konstanze Kruger）、伯尼·勒贝夫、达里奥·迈斯特里皮埃里、凯茜·马勒、凯伦·马鲁斯卡、三谷约翰（John Mitani）、马克·莫菲特、拉乌尔·米尔德、克雷

格·帕克、伊丽莎贝塔·帕拉吉、沃尔特·派珀、戈登·舒伊特、迈克尔·塔伯斯基、德山奈帆子、约瑟夫·华斯、克劳斯·祖伯布勒

芝加哥大学出版社的编辑乔·卡拉米亚（Joe Calamia）为本书提供了不少独到的见解和贴心的建议。我很感谢他给予我的帮助与信任，感谢他相信我能够写好这本书。

我的家人很包容我。虽然我老是拿着初稿求他们看，但是他们从不会嫌我烦。有这样的家人，乃吾生之幸。另外，谢谢达娜（Dana）和亚伦（Aaron Dugatkin）提出的宝贵建议。最后，谢谢我那位略通权术的朋友2R。

尾注

第一章：

［1］ E. HEMINGWAY. *The Green Hills of Africa* (New York: Scribner, 1935). 这句话我是从赛·蒙哥马利（Sy Montgomery）写的一本关于凯伊·霍尔坎普的书中看到的，那是一本轻松愉快的书：*The Hyena Scientist* (Boston: HMH Books for Young Readers, 2018)。

［2］ K. E. Holekamp, B. Dantzer, G. Stricker, K. C. S. Yoshida, S. Benson-Amram. Brains, brawn and sociality: A hyaena's tale, *Animal Behaviour* 103 (2015): 237-248; S. A. Wahaj, K. R. Guse, K. E. Holekamp. Reconciliation in the spotted hyena (*Crocuta crocuta*), *Ethology* 107 (2001): 1057-1074; K. E. Holekamp and S. Benson-Amram. The evolution of intelligence in mammalian carnivores, *Interface Focus* 7 (2017), DOI 10.1098/rsfs.2016.0108; K. E. Holekamp, S. T. Sakai, B. Lundrigan. Social intelligence in the spotted hyena (*Crocuta crocuta*), *Philosophical Transactions of the Royal Society of London* 362 (2007): 523-538.

［3］ H. Kruuk. *The Spotted Hyena*: A *Study of Predation and Social Behavior* (Chicago: University of Chicago Press, 1972).

［4］ H. E. Watts, J. B. Tanner, B. L. Lundrigan, K. E. Holekamp. Post-weaning maternal effects and the evolution of female dominance in the spotted hyena, *Proceedings of the Royal Society of London* 276 (2009): 2291-2298.

［5］ K. E. Holekamp, L. Smale, M. Szykman. Rank and reproduction in the female spotted hyaena, *Journal of Reproduction and Fertility* 108 (1996): 229-237; K. E. Holekamp, L. Smale. Dominance acquisition during mammalian social development: The inheritance of maternal rank, *American Zoologist* 31 (1991): 306-317; H. E. Watts, J. B. Tanner, B. L. Lundrigan, K. E. Holekamp. Post-weaning maternal effects and the evolution of female dominance in the spotted hyena, *Proceedings of the Royal Society* 276 (2009): 2291-2298; Z. M. Laubach, C. D. Faulk, D. C. Dolinoy, L. Montrose, T. R. Jones, D. Ray, M. O. Pioon, K. E. Holekamp. Early life social and ecological determinants of global DNA methylation in wild spotted hyenas, *Molecular Ecology* 28 (2019): 3799-3812, https://doi.org/10.1111/mec.15174.

［6］ B. J. Le Boeuf, P. Morris, J. Reiter. Juvenile survivorship of northern elephant seals, in *Elephant Seals: Population Ecology, Behavior and Physiology*, B. J. Le Boeuf and R. Laws. (Berkeley: University of California Press, 1994), 121-136.

［7］ 关于阿诺努耶佛的更多资讯，请访问：www.parks.ca.gov/?page_id=523 和 www.parks.ca.gov/?page_id=27613。

［8］ N. Mathevon, C. Casey, C. Reichmuth, I. Charrier. Northern elephant seals memorize the rhythm and timbre of their rivals' voices, *Current Biology* 2 (2017): 2352-2356; C. Casey, I. Charrier, N. Mathevon, C. Reichmuth. Rival assessment among northern elephant seals: Evidence of associative learning during male-male contests, *Royal Society Open Science* 2 (2015), https://doi.

org/10.1098/rsos.150228. 关于北象海豹鸣声的早期研究，详见：G. A. Bartholomew. The role of vocalization in the social behaviour of the northern elephant seal, *Animal Behaviour* 10 (1962): 7-14。

［9］B. J. Le Boeuf, R. S. Peterson. Social status and mating activity in elephant seals, *Science* 163 (1969): 91-93; M. P. Haley, C. J. Deutsch, B. J. Le Boeuf. Size, dominance and copulatory success in male northern elephant seals, *Mirounga angustirostris, Animal Behaviour* 48 (1994): 1249-1260.

［10］B. Stewart, P. Yochem, H. Huber, R. DeLong, R. Jameson, W. Sydeman, S. Allen, B. J. Le Boeuf. History and present status of the northern elephant seal population, in Le Boeuf and Laws, *Elephant Seals*, 29-48.

［11］C. Cox, B. J. Le Boeuf. Female incitation of male competition: A mechanism in sexual selection, *American Naturalist* 111 (1977): 317-335.

［12］S. l. Mesnick, B. J. Le Boeuf. Sexual-behavior of male northern elephant seals: 2, Female response to potentially injurious encounters, *Behaviour* 117 (1991): 262-280.

［13］R. T. Hanlon, J. B. Messenger. Adaptive coloration in young cuttlefish (*Sepia officinalis*): The morphology and development of body patterns and their relation to behavior, *Philosophical Transactions of the Royal Society of London* 320 (1988): 437-487; R. T. Hanlon, M. J. Naud, J. W. Forsythe, K. Hall, A. C. Watson, J. McKechnie. Adaptable night camouflage by cuttlefish, *American Naturalist* 169 (2007): 543-551; J. J. Allen, L. M. Mathger, K. C. Buresch, T. Fetchko,M. Gardner, R. T. Hanlon. Night vision by cuttlefish enables changeable camouflage, *Journal of Experimental Biology* 213 (2010): 3953-3960; K. C. Buresch, K. M. Ulmer, D. Akkaynak, J. J. Allen, L. M. Mathger, M. Nakamura, R. T. Hanlon. Cuttlefish adjust body pattern intensity with respect to substrate intensity to aid camouflage, but do not camouflage in extremely low light, *Journal of Experimental Marine Biology and Ecology* 462 (2015): 121-126; S. Zylinski, M. J. How, D. Osorio, R. T. Hanlon, N. J. Marshall. To be seen or to hide: Visual characteristics of body patterns for camouflage and communication in the Australian giant cuttlefish *Sepia apama, American Naturalist* 177 (2011): 681-690; R. T. Hanlon, C. C. Chiao, L. M. Mathger, N. J. Marshall. A fish-eye view of cuttlefish camouflage using in situ spectrometry, *Biological Journal of the Linnean Society* 109 (2013): 535-551. 关于游速和呼吸，详见：J. P. Aitken, R. K. O'Dor. Respirometry and swimming dynamics of the giant Australian cuttlefish, *Sepia apama* (Mollusca, Cephalopoda), *Marine and Freshwater Behaviour and Physiology* 37 (2004): 217-234; N. L. Payne, B. M. Gillanders, R. S. Seymour, D. M. Webber, E. P. Snelling, J. M. Semmens. Accelerometry estimates field metabolic rate in giant Australian cuttlefish *Sepia apama* during breeding, *Journal of Animal Ecology* 80 (2011): 422-430。

［14］J. J. Allen, G. R. R. Bell, A. M. Kuzirian, S. S. Velankar, R. T. Hanlon. Comparative morphology of changeable skin papillae in octopus and cuttlefish, *Journal of Morphology* 275 (2014): 371-390; J. B. Messenger, Cephalopod chromatophores: Neurobiology and natural history, *Biological Reviews* 76 (2001): 473-528; C. C. Chiao, C. Chubb, R. T. Hanlon. A review of visual perception mechanisms that regulate rapid adaptive camouflage in cuttlefish, *Journal of*

Comparative Physiology A 201 (2015): 933-945.

［15］ K. C. Hall, R. T. Hanlon. Principal features of the mating system of a large spawning aggregation of the giant Australian cuttlefish *Sepia apama* (Mollusca: Cephalopoda), *Marine Biology* 140 (2002): 533-545.

［16］ 关于伞膜乌贼的交配行为，详见：R. T. Hanlon, M. J. Naud, P. Shaw, J. Havenhand. Transient sexual mimicry leads to fertilization, *Nature* 433 (2005): 212。

［17］ A. K. Schnell, C. L. Smith, R. T. Hanlon, R. Harcourt. Giant Australian cuttlefish use mutual assessment to resolve male-male contests, *Animal Behaviour* 107 (2015): 31-40; A. K. Schnell, C. L. Smith, R. T. Hanlon, R. C. Hall, R. Harcourt. Cuttlefish perform multiple agonistic displays to communicate a hierarchy of threats, *Behavioral Ecology and Sociobiology* 70 (2016): 1643-1655; A. K. Schnell, C. Jozet-Alves, K. C. Hall, L. Radday, R. T. Hanlon. Fighting and mating success in giant Australian cuttlefish is influenced by behavioural lateralization, *Proceedings of the Royal Society of London B* 286 (2019), dx.doi.org/10.1098/rspb.2018.250.

［18］ R. P. Hannes, D. Franck. The effect of social isolation on androgen and corticosteroid levels in a cichlid fish (*Haplochromis burtoni*) and in swordtails (*Xiphophorus helleri*), *Hormones and Behavior* 17 (1983): 292-301; R. P. Hannes, D. Franck, F. Liemann. Effects of rank-order fights on whole-body and blood concentration of androgen and corticosteroids in the male swordfish (*Xiphophorus helleri*), *Zeitschrift für Tierpsychologie* 65 (1984): 53-65; R. P. Hannes. Blood and whole-body androgen levels of male swordtails correlated with aggression measures in standard opponent test, *Aggressive Behavior* 12 (1986): 249-254; D. Franck, U. Wilhelmi. Changes of aggressive attack readiness of male swordfish, *Xiphophorus helleri*, after social isolation, *Experientia* 29 (1973): 896-897; D. Franck. The effect of social stimuli on steroid levels and attack readiness in male cichlids and swordtails, *Aggressive Behavior* 10 (1984):154; A. Ribowski, D. Franck. Demonstration of strength and concealment of weakness in escalating fights of male swordtails (*Xiphophorus helleri*), *Ethology* 93 (1993): 265-274; A. Ribowski, D. Franck. Subordinate swordtail males escalate faster than dominants: A failure of the social conditioning principle, *Aggressive Behavior* 19 (1993): 223-229; D. Franck, A. Ribowski. Influences of prior agonistic experiences on aggression measures in the male swordtail (*Xiphophorus helleri*), *Behaviour* 103 (1987): 217-240.

［19］ D. Franck, A. Ribowski. Dominance hierarchies of male green swordtails in nature, *Journal of Fish Biology* 43 (1993): 497-499; D. Franck, B. Klamroth, A. Taebel-Hellwig, M. Schartl. Home ranges and satellite tactics of male green swordtails (*Xiphophorus helleri*) in nature, *Behavioral Processes* 43 (1998): 115-123.

［20］ R. L. Earley. Aggression, Eavesdropping and Social Dynamics in Male Green Swordtail Fish (*Xiphophorus helleri*) (PhD, University of Louisville, 2002); R. L. Earley, L. A. Dugatkin. Merging social hierarchies: Effects on dominance rank in male green swordtail fish (*Xiphophorus helleri*), *Behavioural Processes* 73 (2006): 290-298.

［21］ R. L. Earley, L. A. Dugatkin. Eavesdropping on visual cues in green swordtail (*Xiphophorus helleri*) fights: A case for networking, *Proceedings of the Royal Society of London* 269 (2002): 943-

952; R. L. Earley, M. Druen, L. A. Dugatkin. Watching fights does not alter a bystander's response towards naive conspecifics in male green swordtail fish, *Xiphophorus helleri, Animal Behaviour* 69 (2005): 1139-1145; R. L. Earley, M. Tinsley,L. A. Dugatkin. To see or not to see: Does previewing a future opponent affect the contest behavior of green swordtail males (*Xiphophorus helleri*)? *Naturwissenschaften* 90 (2003): 226-230.

［22］J. S. Lopes, R. Abril-de-Abreu, R. F. Oliveira. Brain transcriptomic response to social eavesdropping in zebrafish (*Danio rerio*), *PLoS ONE* 10 (2015), https://doi.org/0.1371/journal. pone.0145801.

第二章:

［1］T. Z. Ang, A. Manica. Aggression, segregation and stability in a dominance hierarchy, *Proceedings of the Royal Society of London* 277 (2010): 1337- 1343.

［2］T. Z. Ang, A. Manica. Benefits and costs of dominance in the angelfish *Centropyge bicolor*, *Ethology* 116 (2010): 855-865.

［3］T. Z. Ang. Social Conflict Resolution in Groups of the Angelfish *Centropyge bicolor* (PhD, University of Cambridge, 2010), 87.

［4］A. L. Martin, P. A. Moore. Field observations of agonism in the crayfish, *Orconectes rusticus*: Shelter use in a natural environment, *Ethology* 113 (2007): 1192-1201.

［5］A. L. Martin, P. A. Moore. The influence of dominance on shelter preference and eviction rates in the crayfish, *Orconectes rusticus, Ethology* 114 (2008): 351-360.

［6］P. M. Kappeler, A. Dill. The lemurs of Kirindy, *Natural History* 109 (2000): 58-65; D. Clough, M. Heistermann, P. M. Kappeler. Host intrinsic determinants and potential consequences of parasite infection in free-ranging red-fronted lemurs (*Eulemur fulvus rufus*), *American Journal of Physical Anthropology* 142 (2010): 441-452; M. E. Pereira, P. M. Kappeler. Divergent systems of agonistic behaviour in lemurid primates, *Behaviour* 134 (1997): 225-274.

［7］B. Habig, E. A. Archie. Social status, immune response and parasitism in males: A meta-analysis, *Philosophical Transactions of the Royal Society of London* 370 (2015), https://doi. org/10.1098/rstb.2014.0109; B. Habig, M. M. Doellman,K. Woods, J. Olansen, A. Archie. Social status and parasitism in male and female vertebrates: A meta-analysis, *Scientific Reports* 8 (2018), https://doi.org/10.1038/s41598-018-21994-7.

［8］M. S. Mooring, A. A. McKenzie, B. L. Hart. Role of sex and breeding status in grooming and total tick load of impala, *Behavioral Ecology and Sociobiology* 39 (1996): 259-266; K. A. Lee. Linking immune defenses and life history at the levels of the individual and the species, *Integrative and Comparative Biology* 46 (2006): 1000-1015.

［9］G. L. MacLean. The sociable weaver, part 2: Nest architecture and social organization, *Ostrich* 44 (1973): 191-218; E. C. Collias, N. E. Collias. Nest building and nesting-behavior of sociable weaver *Philetairus socius, Ibis* 120 (1978): 1-15; G. M. Leighton, L. Vander Meiden. Sociable weavers increase cooperative nest construction after suffering aggression, *PLoS ONE* 11 (2016), https://doi.org/10.1371/journal.pone.0150953; M. Paquet, C. Doutrelant,M. Loubon,

F. Theron, M. Rat, R. Covas. Communal roosting, thermoregulatory benefits and breeding group size predictability in cooperatively breeding sociable weavers, *Journal of Avian Biology* 47 (2016): 749-755; M. Rat, R. E. van Dijk, R. Covas, C. Doutrelant. Dominance hierarchies and associated signalling in a cooperative passerine, *Behavioral Ecology and Sociobiology* 69 (2015): 437-448.

[10] L. R. Silva, S. Lardy, A. C. Ferreira, B. Rey, C. Doutrelant, R. Covas. Females pay the oxidative cost of dominance in a highly social bird, *Animal Behaviour* 144 (2018): 135-146; A. Cohen, K. Klasing, R. Ricklefs. Measuring circulating antioxidants in wild birds, *Comparative Biochemistry and Physiology B: Biochemistry and Molecular Biology* 147 (2007): 110-121; T. Finkel, N. J. Holbrook. Oxidants, oxidative stress and the biology of ageing, *Nature* 408 (2000): 239-247.

[11] M. B. V. Bell, M. A. Cant, C. Borgeaud, N. Thavarajah, J. Samson, T. H. Clutton-Brock. Suppressing subordinate reproduction provides benefits to dominants in cooperative societies of meerkats, *Nature Communications* 5 (2014), https://doi.org/10.1038/ncomms5499.

[12] A. J. Young, A. A. Carlson, S. L. Monfort, A. F. Russell, N. C. Bennett, T. H. Clutton-Brock. Stress and the suppression of subordinate reproduction in cooperatively breeding meerkats, *Proceedings of the National Academy of Sciences* 103 (2006): 12005-12010; A. J. Young, T. H. Clutton-Brock. Infanticide by subordinates influences reproductive sharing in cooperatively breeding meerkats, *Biology Letters* 2 (2006): 385-387.

[13] K. N. Smyth, N. M. Caruso, C. S. Davies, T. H. Clutton-Brock, C. M. Drea. Social and endocrine correlates of immune function in meerkats: Implications for the immunocompetence handicap hypothesis, *Royal Society Open Science* 5 (2018), https://doi.org/10.1098/rsos.180435.

[14] 关于普通潜鸟的行为，康奈尔大学有一些不错的视频：https://www.cornell.edu/video/loon-territoriality。

[15] 较大的湖泊中有时住着不止一个繁殖对，每个繁殖对各据一隅，互不侵犯。W. Piper, J. N. Mager, C. Walcott. Marking loons, making progress: Striking discoveries about the social behavior and communication of common loons are revealed by a low-tech approach, *American Scientist* 99 (2011): 220-227; J. N. Mager, C. Walcott, W. H. Piper. Male common loons signal greater aggressive motivation by lengthening territorial yodels, *Wilson Journal of Ornithology* 124 (2012): 73-80; J. N. Mager, C. Walcott. Dynamics of an aggressive vocalization in the common loon (*Gavia immer*): A review, *Waterbirds* 37 (2014): 37-46.

[16] W. H. Piper, K. M. Brunk, G. L. Jukkala, E. A. Andrews, S. R. Yund, N. G. Gould. Aging male loons make a terminal investment in territory defense, *Behavioral Ecology and Sociobiology* 72 (2018), https://doi.org/10.1007/s00265-018-2511-9.

[17] W. H. Piper, C. Walcott, J. N. Mager, F. J. Spilker. Fatal battles in common loons: A preliminary analysis, *Animal Behaviour* 75 (2008): 1109-1115; W. H. Piper, J. N. Mager, C. Walcott, L. Furey, N. Banfield, A. Reinke, F. J. Spilker, J. A. Flory. Territory settlement in common loons: No footholds but age and assessment are important, *Animal Behaviour* 104 (2015): 155-163; W. H. Piper, K. M. Brunk, J. A. Flory, M. W. Meyer. The long shadow of senescence: Age impacts survival and territory defense in loons, *Journal of Avian Biology* 48 (2017): 1062-1070; J. A. Spool,

L. V. Riters, W. H. Piper. Investment in territorial defence relates to recent reproductive success in common loons *Gavia immer, Journal of Avian Biology* 48 (2017): 1281-1286; J. N. Mager, C. Walcott. Dynamics of an aggressive vocalization in the common loon (*Gavia immer*): A review, *Waterbirds* 3 (2014): 37-46.

第三章:

［1］ T. H. Huxley (1888). The struggle for existence: A programme, *Nineteenth Century* 23, 161-180; T. H. Huxley. *Collected Essays*, vol. 1 (New York: Macmillan, 1893); Thomas Henry Huxley to Charles Darwin, November 23, 1859, Darwin Correspondence Project, https://www.darwinproject.ac.uk/letter/DCP-LETT-2544.xml.

［2］ Charles Darwin to T. H. Huxley, August 8, 1860, Darwin Correspondence Project, https://www.darwinproject.ac.uk/letter/DCP-LETT-2893.xml; T. Hux-ley. *Autobiography and Selected Essays* (Boston: Houghton-Mifflin, 1909), 13.

［3］ 关于"大花园"国家自然保护区,详见: D. Vandal. Le caribou des Grands-jardins: Légende et réalité, *Carnets de Zoologie* 43 (1983): 36-41, https://www.sepaq.com/pq/grj/index. dot。

［4］ D. I. Chapman, Antlers: Bones of contention, *Mammal Review* 5 (1975): 121-172; R. J. Goss, *Deer Antlers: Regeneration, Function and Evolution* (Cambridge, MA: Academic Press, 1983).

［5］ C. Barrette, D. Vandal. Sparring, relative antler size, and assessment in male caribou, *Behavioral Ecology and Sociobiology* 26 (1990): 383-387.

［6］ C. Barrette, D. Vandal. Sparring and access to food in female caribou in the winter, *Animal Behaviour* 40 (1990): 1183-1185; C. Barrette, D. Vandal. Social rank, dominance, antler size, and access to food in snow-bound wild woodland caribou, *Behaviour* 97 (1986): 118-146; C. Barrette, D. Vandal. Sparring, relative antler size, and assessment in male caribou, *Behavioral Ecology and Sociobiology* 26 (1990): 383-387.

［7］ Z. S. Lin, L. Chen, X. Q. Chen, Y. B. Zhong, Y. Yang, W. H. Xia, C. Liu et al. Biological adaptations in the Arctic cervid, the reindeer (*Rangifer tarandus*), *Science* 364 (2019), https://doi.org/10.1126/science.aav6312; Z. P. Li, Z. S. Lin, H. X. Ba, L. Chen, Y. Z. Yang, K. Wang, Q. Qiu, W. Wang, G. Y. Li. Draft genome of the reindeer (*Rangifer tarandus*), *Gigascience* 6 (2017), https://doi.org/10.1093/gigascience/gix102.

［8］ C. Barrette, D. Vandal. Sparring and access to food in female caribou in the winter, *Animal Behaviour* 40 (1990): 1183-1185. 关于雌性鹿角,详见: L. E. Loe, G. Pigeon, S. D. Albon, P. E. Giske, R. J. Irvine, E. Ropstad, A. Stien, V. Veiberg, A. Mysterud. Antler growth as a cost of reproduction in female reindeer, *Oecologia* 189 (2019): 601-609; J. A. Schaefer, S. P. Mahoney. Antlers on female caribou: Biogeography of the bones of contention, *Ecology* 82 (2001): 3556-3560; L. Gagnon, C. Barrette. Antler casting and parturition in wild female caribou, *Journal of Mammalogy* 73 (1992): 440-442。

［9］ R. W. Elwood, S. Neil. *Assessments and Decisions: A Study of Information Gathering by Hermit Crabs* (London: Chapman and Hall, 1992); R. W. Elwood, M. Briffa. Information gathering and communication during agonistic encounters: A case study of hermit crabs, *Advances in the Study of Behavior* 30 (2001): 53-97; R. W. Elwood, N. Marks, J. Dick. Consequences of shell species preferences for female reproductive success in the hermit crab *Pagurus bernhardus, Marine Biology* 123 (1995): 431-434.

[10] R. W. Elwood, A. McClean, L. Webb. Development of shell preferences by the hermit crab *Pagurus bernhardus, Animal Behaviour* 27 (1979): 940-946; R. W. Elwood. Motivational change during resource assessment by hermit crabs, *Journal of Experimental Marine Biology and Ecology* 193 (1995): 41-55.

[11] B. A. Hazlett, Shell exchanges in hermit crabs: Aggression, negotiation, or both? *Animal Behaviour* 26 (1978): 1278-1279; R. W. Elwood, A. Stewart. The timing of decisions during shell investigation by the hermit crab, *Pagurus bernhardus, Animal Behaviour* 33 (1985): 620-627; R. W. Elwood, R. M. E. Pothanikat, M. Briffa. Honest and dishonest displays, motivational state and subsequent decisions in hermit crab shell fights, *Animal Behaviour* 72 (2006): 853-859; M. Briffa, R. W. Elwood. The power of shell rapping influences rates of eviction in hermit crabs, *Behavioral Ecology* 11 (2000): 288-293;M. Briffa, R. W. Elwood, M. Russ. Analysis of multiple aspects of a repeated signal: Power and rate of rapping during shell fights in hermit crabs, *Behavioral Ecology* 14 (2003): 74-79.

[12] B. M. Dowds, R. W. Elwood. Shell wars: Assessment strategies and the timing of decisions in hermit crab shell fights, *Behaviour* 85 (1983): 1-24; B. M. Dowds, R. W. Elwood. Shell wars 2: The influence of relative size on decisions made during hermit crab shell fights, *Animal Behaviour* 33 (1985): 649-656.

[13] M. Briffa, R. W. Elwood. Rapid change in energy status in fighting animals: Causes and effects of strategic decisions, *Animal Behaviour* 70 (2005): 119-124; S. M. Lane, M. Briffa. The role of spatial accuracy and precision in hermit crab contests, *Animal Behaviour* 167 (2020): 111-118.

[14] M. Enquist, O. Leimar. Evolution of fighting behaviour: Decision rules and assessment of relative strength, *Journal of Theoretical Biology* 102 (1983): 387-410; O. Leimar, M. Enquist. Effects of asymmetries in owner intruder conflicts, *Journal of Theoretical Biology* 111 (1984): 475-491; M. Enquist, O. Leimar. Evolution of fighting behavior: The effect of variation in resource value, *Journal of Theoretical Biology* 127 (1987): 187-205.

[15] M. Enquist, O. Leimar, T. Ljungberg, Y. Mallner, N. Segardahl. A test of the sequential assessment game: Fighting in the cichlid fish, *Nannacara anomala, Animal Behaviour* 40 (1990): 1-15; M. Enquist, T. Ljungberg, A. Zandor. Visual assessment of fighting ability in the cichlid fish *Nannacara anomala, Animal Behaviour* 35 (1987): 1262-1263.

[16] S. N. Austad. A game theoretical interpretation of male combat in the bowl and doily spider, *Animal Behaviour* 31 (1983): 59-73; O. Leimar, S. Austad, M. Enquist. A test of the sequential assessment game: Fighting in the bowl and doily spider *Frontinella pyramitela, Evolution* 45 (1991): 862-874.

[17] P. K. Eason, G. A. Cobbs, K. G. Trinca. The use of landmarks to define territorial

boundaries, *Animal Behaviour* 58 (1999): 85-91. 关于领地和地标的模型，详见：M. Mesterton-Gibbons, E. S. Adams. Landmarks in territory partitioning: A strategically stable convention? *American Naturalist* 161 (2003): 685-697。

［18］J. R. LaManna, P. K. Eason. Effects of landmarks on territorial establishment, *Animal Behaviour* 65 (2003): 471-478; P. S. Suriyampola, P. K. Eason. A field study investigating effects of landmarks on territory size and shape, *Biology Letters* 10 (2014), https://doi.org/10.1098/rsbl.2014.0009; P. S. Suriyampola, P. K. Eason. The effects of landmarks on territorial behavior in a convict cichlid, *Amatitlania siquia, Ethology* 121 (2015): 785-792; E. S. Adams. Approaches to the study of territory size and shape, *Annual Review of Ecology and Systematics* 32 (2001): 277-303; M. Andersson, Optimal foraging area: Size and allocation of search effort, *Theoretical Population Biology* 13 (1978): 397-409.

［19］J. Fisher Evolution and bird sociality, in *Evolution as a Process*; J. Huxley, A. C. Hardy, E. B. Ford. (Sydney: Allen and Unwin, 1954), 73;R. Jaeger. Dear enemy recognition and the costs of aggression between salamanders, *American Naturalist* 117 (1981): 962-974; T. Getty. Dear enemies and the prisoners-dilemma: Why should territorial neighbors form defensive coalitions, *American Zoologist* 27 (1987): 327-336.

［20］E. Briefer, T. Aubin, K. Lehongre, F. Rybak. How to identify dear enemies: The group signature in the complex song of the skylark *Alauda arvensis, Journal of Experimental Biology* 211 (2008): 317-326; E. Briefer, F. Rybak, T. Aubin. When to be a dear enemy: Flexible acoustic relationships of neighbouring skylarks, *Alauda arvensis, Animal Behaviour* 76 (2008): 1319-1325;E. Briefer, T. Aubin, F. Rybak. Response to displaced neighbours in a territorial songbird with a large repertoire, *Naturwissenschaften* 96 (2009): 1067-1077;E. Briefer, F. Rybak, T. Aubin. Are unfamiliar neighbours considered to be dear-enemies? *PLoS ONE* 5 (2010), https://doi.org/10.1371/journal.pone.0012428.

第四章：

［1］G. Szipl, E. Ringler, M. Spreafico, T. Bugnyar. Calls during agonistic interactions vary with arousal and raise audience attention in ravens, *Frontiers in Zoology* 14 (2017), https://doi.org/10.1186/s12983-017-0244-7; J. J. M. Massen, A. Pasukonis, J. Schmidt, T. Bugnyar. Ravens notice dominance reversals among conspecifics within and outside their social group, *Nature Communications* 5 (2014), https://doi.org/10.1038/ncomms4679; B. Heinrich, *Ravens in Winter* (New York: Summit Books, 1989).

［2］G. Szipl, E. Ringler, T. Bugnyar. Attacked ravens flexibly adjust signalling behaviour according to audience composition, *Proceedings of the Royal Society of London* 285 (2018), https://doi.org/10.1098/rspb.2018.0375.

［3］K. Zuberbühler. Referential labelling in Diana monkeys, *Animal Behaviour*59 (2000): 917-927; K. Zuberbühler. Causal knowledge of predators' behaviour in wild Diana monkeys, *Animal Behaviour* 59 (2000): 209-220.

［4］K. E. Slocombe, K. Zuberbühler. Chimpanzees modify recruitment screams as a function of audience composition, *Proceedings of the National Academy of Sciences* 104 (2007): 17228-17233.

[5] L. C. dos Santos, F. A. D. Freire, A. C. Luchiari. The effect of audience on intrasexual interaction in the male fiddler crab, *Uca maracoani, Journal of Ethology* 35 (2017): 93-100; S. K. Darden, M. K. May, N. K. Boyland, T. Dabelsteen. Territorial defense in a network: Audiences only matter to male fiddler crabs primed for confrontation, *Behavioral Ecology* 30 (2019): 336-340;K. Hirschenhauser, M. Gahr, W. Goymann. Winning and losing in public: Audiences direct future success in Japanese quail, *Hormones and Behavior* 63 (2013): 625-633; R. J. Matos, T. M. Peake, P. K. McGregor. Timing of presentation of an audience: Aggressive priming and audience effects in male displays of Siamese fighting fish (*Betta splendens*), *Behavioural Processes* 63 (2003): 53-61;T. L. Dzieweczynski, R. L. Earley, T. M. Green, W. J. Rowland. Audience effect is context dependent in Siamese fighting fish, *Betta splendens, Behavioral Ecology* 16 (2005): 1025-1030. T. L. Dzieweczynski, A. C. Eklund, W. J. Rowland. Male 11-ketotestosterone levels change as a result of being watched in Siamese fighting fish, *Betta splendens, General and Comparative Endocrinology* 147 (2006): 184-189; T. L. Dzieweczynski, C. E. Perazio. I know you: Familiarity with an audience influences male-male interactions in Siamese fighting fish, *Betta splendens, Behavioral Ecology and Sociobiology* 66 (2012): 1277-1284; T. L. Dzieweczynski, C. E. Gill, C. E. Perazio. Opponent familiarity influences the audience effect in male-male interactions in Siamese fighting fish, *Animal Behaviour* 83 (2012): 1219-1224; F. Bertucci, R. J. Matos, T. Dabelsteen. Knowing your audience affects male-male interactions in Siamese fighting fish (*Betta splendens*), *Animal Cognition* 17 (2014): 229-236.

[6] 关于胜利者和失败者效应的理论研究综述，详见：W. Lindquist I. D. Chase. Data-based analysis of winner-loser models of hierarchy formation in animals, *Bulletin of Mathematical Biology* 71 (2009): 556-584; M. Mesterton-Gibbons. Y. Dai, M. Goubault. Modeling the evolution of winner and loser effects: A survey and prospectus, *Mathematical Biosciences* 274 (2016): 33-44.

[7] G. W. Schuett, J. C. Gillingham. Male-male agonistic behavior of the copperhead, *Agkistrodon contortrix, Amphibia-Reptilia* 10 (1989): 243-266。

[8] G. W. Schuett. Body size and agonistic experience affect dominance and mating success in male copperheads, *Animal Behaviour* 54 (1997): 213-224;N. Angier. Pit viper's life: Bizarre, gallant and venomous, *New York Times*, October 15, 1991.

[9] G. W, Schuett, H. J. Harlow, J. D. Rose, J., E. A. Van Kirk, W. J. Murdoch. Levels of plasma corticosterone and testosterone in male copperheads (*Agkistrodon contortrix*) following staged fights, *Hormones and Behavior* 30 (1996): 60-68; G. W. Schuett, M. S. Grober. Post-fight levels of plasma lactate and corticosterone in male copperheads, *Agkistrodon contortrix* (Serpentes, Viperidae): Differences between winners and losers, *Physiology and Behavior* 71 (2000): 335-341. 具体的运作机制尚不清楚，舒伊特团队的猜测是，高水平的血浆皮质酮将负责转化食物为能量的乳酸从肌肉（对攻击行为有用的地方）转移至血液。

[10] M. Mesterton-Gibbons. On the evolution of pure winner and loser effects: A game-theoretic model, *Bulletin of Mathematical Biology* 61 (1999): 1151-1186; M. Mesterton-Gibbons, Y. Dai, M. Goubault. Modeling the evolution of winner and loser effects: A survey and prospectus,

Mathematical Biosciences 274 (2016): 33-44.

[11] J. K. Bester-Meredith, L. J. Young, C. A. Marler. Species differences in paternal behavior and aggression in *Peromyscus* and their associations with vasopressin immunoreactivity and receptors, *Hormones and Behavior* 36 (1999): 25-38; J. I. Terranova, C. F. Ferris, H. E. Albers. Sex differences in the regulation of offensive aggression and dominance by Arginine-Vasopressin, *Frontiers in Endocrinology* 8 (2017), https://doi.org/10.3389/fendo.2017.0030. 橙腹田鼠（*Microtus ochrogaster*）和草原田鼠（*Microtus pennsylvanicus*）是另一对社群系统不一样的近亲物种：Z. R. Donaldson L. J. Young. Oxytocin, vasopressin, and the neurogenetics of sociality, *Science* 322 (2008): 900-904; M. M. Lim, Z. X. Wang, D. E. Olazabal, X. H. Ren,E. F. Terwilliger, L. J. Young. Enhanced partner preference in a promiscuous species by manipulating the expression of a single gene, *Nature* 429 (2004): 754-757; L. J. Young Z. X. Wang. The neurobiology of pair bonding, *Nature Neuroscience* 7 (2004): 1048-1054; T. R. Insel, L. J. Young. The neurobiology of attachment, *Nature Reviews Neuroscience* 2 (2001): 129-136。

[12] J. K. Bester-Meredith, C. A. Marler. Vasopressin and aggression in cross-fostered California mice (*Peromyscus californicus*) and white-footed mice (*Peromyscus leucopus*), *Hormones and Behavior* 40 (2001): 51-64; 关于交换养育（cross-fostering），详见：L. A. Dugatkin. *Principles of Animal Behavior*, 4th ed. (Chicago: University of Chicago Press, 2020).

[13] M. J. Fuxjager, G. Mast, E. A. Becker, C. A. Marler. The "home advantage" is necessary for a full winner effect and changes in post-encounter testosterone, *Hormones and Behavior* 56 (2009): 214-219; M. J. Fuxjager, J. L. Montgomery, E. A. Becker, C. A. Marler. Deciding to win: Interactive effects of residency, resources and "boldness" on contest outcome in white-footed mice, *Animal Behaviour* 80 (2010): 921-927; M. J. Fuxjager, C. A. Marler. How and why the winner effect forms: Influences of contest environment and species differences, *Behavioral Ecology* 21 (2010): 37-45; M. J. Fuxjager, T. O. Oyegbile, C. A. Marler. Independent and additive contributions of post-victory testosterone and social experience to the development of the winner effect, *Endocrinology* 152 (2011): 3422-3429, https://doi.org/10.1210/en.2011-1099; M. J. Fuxjager, R. M. Forbes-Lorman, D. J. Coss, C. J. Auger, A. P. Auger, C. A. Marler. Winning territorial disputes selectively enhances androgen sensitivity in neural pathways related to motivation and social aggression, *Proceedings of the National Academy of Sciences* 107 (2010): 12393-12398; E. A. Becker, C. A. Marler. Postcontest blockade of dopamine receptors inhibits development of the winner effect in the California mouse (*Peromyscus californicus*), *Behavioral Neuroscience* 129 (2015): 205-213. 目前尚不清楚，为什么连胜两次的雄性睾酮同样上升，获胜概率却没有相应提高。

[14] M. J. Fuxjager, J. L. Montgomery, C. A. Marler. Species differences in the winner effect disappear in response to post-victory testosterone manipulations, *Proceedings of the Royal Society of London* 278 (2011): 3497-3503.

[15] K. Lorenz. The triumph ceremony of the greylag goose, *Philosophical Transactions of the Royal Society of London* 251 (1965): 477-481; J. R. Waas. Acoustic displays facilitate courtship in little blue penguins, *Eudyptula minor, Animal Behaviour* 36 (1988): 366-371; M. Miyazaki, J. R. Waas. Acoustic properties of male advertisement and their impact on female responsiveness in little

penguins *Eudyptula minor, Journal of Avian Biology* 34 (2003): 229-232.

［16］S. C. Mouterde, D. M. Duganzich, L. E. Molles, S. Helps, F. Helps, J. R. Waas. Triumph displays inform eavesdropping little blue penguins of new dominance asymmetries, *Animal Behaviour* 83 (2012): 605-611.

第五章：

［1］N. Humphrey. The social function of intellect, in *Growing Points in Ethology*, P. Bateson, R. Hinde. (Cambridge: Cambridge University Press, 1976), 303-317. 关于灵长类动物的社交智力，详见：S. M. Reader,Y. Hager, K. N. Laland. The evolution of primate general and cultural intelligence, *Philosophical Transactions of the Royal Society of London* 366 (2011): 1017-1027; R. W. Byrne, A. Whiten. *Machiavellian Intelligence: Social Expertise and the Evolution of Intellect in Monkeys, Apes and Humans* (Oxford: Oxford University Press, 1988); R. I. Dunbar, The social brain: Mind, language and society in evolutionary perspective, *Annual Review of Anthropology* 325 (2003): 163-181; D. L. Cheney, R. M. Seyfarth. *Baboon Metaphysics: The Evolution of a Social Mind* (Chicago: University of Chicago Press, 2007); F. B. M. de Waal, P. Tyack. *Animal Social Complexity* (Chicago: University of Chicago Press, 2003);M. Tomasello, J. Call. *Primate Cognition* (Oxford: Oxford University Press, 1997).

［2］K. E. Holekamp, B. Dantzer, G. Stricker, K. C. S. Yoshida, S. Benson-Amram. Brains, brawn and sociality: A hyaena's tale, *Animal Behaviour* 103 (2015): 237-248; K. E. Holekamp and S. Benson-Amram, The evolution of intelligence in mammalian carnivores, *Interface Focus* 7 (2017), https://doi.org/10.1098/rsfs.2016.0108; S. Benson-Amram, B. Dantzer, G. Strickere,E. Swanson, and K. Holekamp, Brain size predicts problem-solving ability in mammalian carnivores, *Proceedings of the National Academy of Sciences* 113 (2016): 2532-2537; J. E. Smith, R. C. Van Horn, K. S. Powning, A. R. Cole, K. E. Graham, S. K. Memenis, K. E. Holekamp. Evolutionary forces favoring intra-group coalitions among spotted hyenas and other animals, *Behavioral Ecology*21 (2010): 284-303; E. D. Strauss, K. E. Holekamp. Social alliances improve rank and fitness in convention-based societies, *Proceedings of the National Academy of Sciences* 116 (2019): 8919-8924.

［3］一个联盟通常含两名成员，有时也可能更多。关于广义适合度，详见：W. D. Hamilton. The evolution of altruistic behavior, *American Naturalist* 97 (1963): 354-356; W. D. Hamilton. The genetical evolution of social behaviour, I and II, *Journal of Theoretical Biology* 7 (1964): 1-52; L. A. Dugatkin. *The Altruism Equation: Seven Scientists Search for the Origins of Goodness* (Princeton: Princeton University Press, 2006)。

［4］J. J. M. Massen, A. Pasukonis, J. Schmidt, T. Bugnyar. Ravens notice dominance reversals among conspecifics within and outside their social group, *Nature Communications* 5 (2014), https://doi.org/10.1038/ncomms4679; M. Boeckle, T. Bugnyar, Long-term memory for affiliates in ravens, *Current Biology* 22 (2012): 801-806; J. J. M. Massen, G. Szipl, M. Spreafico, T. Bugnyar. Ravens intervene in others' bonding attempts, *Current Biology* 24 (2014): 2733-2736.

［5］关于康纳对南宽吻海豚权力与联盟研究的综述，详见：R. C. Connor. *Dolphin Politics*

in Shark Bay (New Bedford, MA: The Dolphin Alliance Project, 2018); R. C. Connor, M. Krützen. Male dolphin alliances in Shark Bay: Changing perspectives in a 30-year study, *Animal Behaviour* 103 (2015): 223-235。

［6］R. C. Connor, R. A. Smolker, A. F. Richards. Two levels of alliance formation among male bottleneck dolphins, *Proceedings of the National Academy of Sciences* 89 (1992): 987-990; M. M. Wallen, E. M. Patterson, E. Krzyszczyk, J. Mann. The ecological costs to females in a system with allied sexual coercion, *Animal Behaviour* 115 (2016): 227-236; R. C. Connor, Complex alliance relationships in bottlenose dolphins and a consideration of selective environments for extreme brain size evolution in mammals, *Philosophical Transactions of the Royal Society of London* 362 (2007): 587-602; M. Krützen, W. B. Sherwin, R. C. Connor,L. M. Barré, T. Van de Casteele, J. Mann, R. Brooks. Contrasting relatedness patterns in bottlenose dolphins (*Tursiops sp.*) with different alliance strategies, *Proceedings of the Royal Society of London* 270 (2003): 497-502; R. C. Connor, R. Smolker, L. Bejder, Synchrony. social behaviour and alliance affiliation in Indian Ocean bottlenose dolphins, *Tursiops aduncus, Animal Behaviour* 72 (2006): 1371-1378; C. H. Frere, M. Krützen, J. Mann, R. C. Connor, L. Bejder, W. B. Sherwin. Social and genetic interactions drive fitness variation in a free-living dolphin population, *Proceedings of the National Academy of Sciences* 107 (2010): 19949-19954; L. M. Moller, L. B. Beheregaray, R. G. Harcourt, M. Krützen. Alliance membership and kinship in wild male bottlenose dolphins (*Tursiops aduncus*) of southeastern Australia, *Proceedings of the Royal Society of London* 268 (2001): 1941-1947.

［7］C. Feh, Alliances and reproductive success in Camargue stallions, *Animal Behaviour* 57 (1999): 705-713; C. Feh. Long term paternity data in relation to different aspects of rank for Camargue stallions, *Equus caballus, Animal Behaviour* 40 (1990): 995-996.

［8］P. Ehrlich. *The Population Bomb* (New York: Ballantine Books, 1968).

［9］R. L. Trivers. The evolution of reciprocal altruism, *Quarterly Review of Biology* 46 (1971): 189-226; C. Packer. Reciprocal altruism in *Papio anubis, Nature* 265 (1977): 441-443.

［10］M. Mesterton-Gibbons, T. Sherratt. Coalition formation: A game-theoretical analysis, *Behavioral Ecology* 18 (2007): 277-286; M. Mesterton-Gibbons, S. Gavrilets, J. Gravner, E. Akcay. Models of coalition or alliance formation, *Journal of Theoretical Biology* 274 (2011): 187-204. 关于动物联盟及相关理论，详见：H. Whitehead, R. Connor. Alliances I. How large should alliances be? *Animal Behaviour* 69 (2005): 117-126; A. Bissonnette, S. Perry, L. Barrett, J. C. Mitani, M. Flinn, S. Gavrilets, F. B. M. de Waal. Coalitions in theory and reality: A review of pertinent variables and processes, *Behaviour* 152 (2015): 1-56; R. A. Johnstone, L. A. Dugatkin. Coalition formation in animals and the nature of winner and loser effects, *Proceedings of the Royal Society of London* 267 (2000): 17-21; M. Broom, A. Koenig, C. Borries. Variation in dominance hierarchies among group-living animals: Modeling stability and the likelihood of coalitions, *Behavioral Ecology* 20 (2009): 844-855。

［11］F. B. M. de Waal. *Chimpanzee* Politics (Baltimore: Johns Hopkins University Press, 1982).

［12］F. B. M. de Waal. Sex differences in the formation of coalitions among chimpanzees, *Ethology and Sociobiology* 5 (1984): 239-255; F. B. M. de Waal. The integration of dominance and social bonding in primates, *Quarterly Review of Biology* 61 (1986): 459-479; F. B. M. de Waal. Coalitions as part of reciprocal relations in the Arnhem chimpanzee colony, in *Coalitions and Alliances in Humans and Other Animals*; A. Harcourt and F. B. M. de Waal. (Oxford: Oxford University Press, 1992), 233-257.

［13］N. Tokuyama, T. Furuichi. Do friends help each other? Patterns of female coalition formation in wild bonobos at Wamba, *Animal Behaviour* 119 (2016): 27-35; N. Angier. In the bonobo world, female camaraderie prevails, *New York Times*, September 10, 2016.

第六章：

［1］S. T. Emlen, P. H. Wrege. Parent-offspring conflict and the recruitment of helpers among bee-eaters, *Nature* 356 (1992): 331-333.

［2］T. H. Clutton-Brock, F. E. Guinness, S. D. Albon. *Red Deer: The Behavior and Ecology of Two Sexes* (Chicago: University of Chicago Press, 1982); D. J. Jennings, M. P. Gammell, C. M. Carlin, T. J. Hayden. Effect of body weight, antler length, resource value and experience on fight duration and intensity in fallow deer, *Animal Behaviour* 68 (2004): 213-221; D. J. Jennings, M. P. Gammell,C. M. Carlin, T. J. Hayden. Win, lose or draw: A comparison of fight structure based on fight conclusion in the fallow deer, *Behaviour* 142 (2005): 423-439;D. J. Jennings, M. P. Gammell, C. M. Carlin, T. J. Hayden. Is the parallel walk between competing male fallow deer, *Dama dama*, a lateral display of individual quality? *Animal Behaviour* 65 (2003): 1005-1012; D. J. Jennings, R. W. Elwood,T. J. Carlin, T. J. Hayden, M. P. Gammell. Vocal rate as an assessment process during fallow deer contests, *Behavioural Processes* 91 (2012): 152-158; F. Alvarez. Risks of fighting in relation to age and territory holding in fallow deer, *Canadian Journal of Zoology* 71 (1993): 376-383; D. J. Jennings, R. J. Boys, M. P. Gammell. Weapon damage is associated with contest dynamics but not mating success in fallow deer (*Dama dama*), *Biology Letters* 13 (2017), https://doi.org/10.1098/rsbl.2017.0565.

［3］D. J. Jennings, R. J. Boys, M. P. Gammell. Suffering third-party intervention during fighting is associated with reduced mating success in the fallow deer, *Animal Behaviour* 139 (2018): 1-8; D. J. Jennings, C. M. Carlin, M. P. Gammell. A winner effect supports third-party intervention behaviour during fallow deer, *Dama dama, fights, Animal Behaviour* 77 (2009): 343-348; D. J. Jennings, C. M. Carlin, T. J. Hayden, M. P. Gammell. Third-party intervention behaviour during fallow deer fights: The role of dominance, age, fighting and body size, *Animal Behaviour* 81 (2011): 1217-1222; D. J. Jennings, R. J. Boys, M. P. Gammell. Investigating variation in third-party intervention behavior during a fallow deer (*Dama dama*) rut, *Behavioral Ecology* 28 (2017): 288-293; L. A. Dugatkin. Breaking up fights between others: A model of intervention behaviour, *Proceedings of the Royal Society of London* 265 (1998): 443-437.

［4］I. S. Bernstein. A field study of the pigtail monkey (*Macaca nemestrina*), *Primates* 8 (1967): 217-238; T. Oi. Patterns of dominance and affiliation in wild pig-tailed macaques (*Macaca nemestrina nemestrina*) in West Sumatra, *International Journal of Primatology* 11 (1990): 339-356; T. Oi, Population organization of wild pig-tailed macaques (*Macaca nemestrina nemestrina*) in

West Sumatra, *Primates* 31 (1990): 15-31.

［5］其他野外观察研究：J. Caldecott. An Ecological Study of the Pig-tailed Macaque in Peninsular Malaysia (PhD thesis, Cambridge University, 1983); J. G. Robertson. On the Evolution of Pig-tailed Macaque Societies (PhD thesis, Cambridge University, 1986)。其他豚尾猴权力研究：D. L. Castles, F. Aureli, F. B. M. de Waal. Variation in conciliatory tendency and relationship quality across groups of pigtail macaques, *Animal Behaviour* 52 (1996): 389-403; C. Giacoma, P. Messeri. Attributes and validity of dominance hierarchy in the female pigtail macaque, *Primates* 33 (1992): 181-189; P. G. Judge. Dyadic and triadic reconciliation in pigtail macaques (*Macaca nemestrina*), *American Journal of Primatology* 23 (1991): 225-237。

［6］P. Maxim. Contexts and messages in macaque social communication, *American Journal of Primatology* 2 (1982): 63-85; F. B. M. de Waal, L. M. Luttrell. The formal hierarchy of rhesus macaques: An investigation of the bared tooth display, *American Journal of Primatology* 9 (1985): 73-85; J. C. Flack, F. B. M. de Waal. Context modulates signal meaning in primate communication, *Proceedings of the National Academy of Sciences* 104 (2007): 1581-1586.

［7］在第二次实验中，较为弱势的低等级个体被移除了，结果并未发现同样的影响。

［8］"敲除"实验的结果分散在这两篇论文中：J. C. Flack, D. C. Krakauer, F. B. M. de Waal. Robustness mechanisms in primate societies: A perturbation study, *Proceedings of the Royal Society of London* 272 (2005): 1091-1099; J. C. Flack, M. Girvan, F. B. M. de Waal, D. C. Krakauer. Policing stabilizes construction of social niches in primates, *Nature* 439 (2006): 426-429。另外，还可参阅：J. C. Flack, F. B. M. de Waal, D. C. Krakauer. Social structure, robustness, and policing cost in a cognitively sophisticated species, *American Naturalist* 165 (2005): E126-E139; J. C. Flack, D. C. Krakauer. Encoding power in communication networks, *American Naturalist* 168 (2006): E87-E102。

［9］V. Pallante, R. Stanyon, E. Palagi. Agonistic support towards victims buffers aggression in geladas (*Theropithecus gelada*), *Behaviour* 153 (2016): 1217-1243; E. Palagi, A. Leone, E. Demuru, P. F. Ferrari. High-ranking geladas protect and comfort others after conflicts, *Scientific Reports* 8 (2018), https://doi.org/10.1038/s41598-018-33548-y.

［10］关于澳大利亚国家植物园的更多信息，请访问：https://parksaustralia.gov.au/botanic-gardens/ 和 http://www.anbg.gov.au/gardens/living/gardens-profile/index.html。

［11］D. J. Green, A. Cockburn, M. L. Hall, H. Osmond, P. O. Dunn. Increased opportunities for cuckoldry may be why dominant male fairy-wrens tolerate helpers, *Proceedings of the Royal Society of London* 262 (1995): 297-303; P. O. Dunn, A. Cockburn, R. A. Mulder. Fairy-wren helpers often care for young to which they are unrelated, *Proceedings of the Royal Society of London* 259 (1995): 339-343; R. A. Mulder, P. O. Dunn, A. Cockburn, K. A. Lazenbycohen, M. J. Howell. Helpers liberate female fairy-wrens from constraints on extra-pair mate choice, *Proceedings of the Royal Society of London* 255 (1994): 223-229.

［12］R. A. Mulder, N. E. Langmore. Dominant males punish helpers for temporary defection in superb fairy-wrens, *Animal Behaviour* 45 (1993): 830-833; A. J. Gaston. Evolution of group territorial behavior and cooperative breeding, *American Naturalist* 112 (1978): 1091-1100.

［13］体形较小的幼体帮手鱼通常是繁殖鱼前几窝产下的子代，不过并不是所有子代个体都会"体恤"父母。为了找出背后的原因，芭芭拉·塔伯斯基（迈克尔的另一半）及其同事采用了全基因组测序技术。他们测量了实验对象的大脑的基因表达，试图找到为什么有的幼体会帮父母，有的幼体却不会帮的线索。当 62 条幼体长到 100 天大的时候，他们人为地为每条鱼都制造了清理鱼卵的机会，这是这个年龄的幼体所会做的主要帮助行为之一。过去已有研究表明，这种鱼的个体在清理行为上的表现很一致，不会经常变来变去的，因此他们可以放心地将实验对象分为"清卵者"与"不清卵者"。15 天过后，他们将实验对象按清卵行为分为两组，一组是清卵者，另一组是不清卵者。在每一个组内，有的鱼得到了清理鱼卵的机会，有的鱼（对照组）则没有清理鱼卵的机会。该团队发现，清卵者与不清卵者在"静息基因表达"差异上有出入，而且不止一个基因（irx2）因为近期的清理行为而出现表达差异。irx2 基因影响着脊椎动物的基础神经发育，塔伯斯基团队称该基因"对脑形态和生理机能有着长期的结构性影响"。接下来，他们对比了在第 115 天有清卵机会的清卵者与不清卵者的行为，发现有 7 个基因的表达水平上升，遗传学将这称作"超表达"（overexpression），也称"过表达"。有 3 个基因（cfos、nr4a3、mb9.15）在清卵者和不清卵者身上都表达过度，面对这 3 个基因的过度表达，塔伯斯基团队在解读时极为谨慎，不过根据其他研究所发现的这 3 个基因的功能，他们认为这 3 个基因为幼体的清卵行为创造了条件，但是最终会不会付诸行动，则因鱼而异。其他 4 个基因（Csrnp1b、epsti1、rsad2、ido2）只在清卵者身上过表达，它们是被戏称为"社交工具包"的一系列基因的一部分，与社会行为（包括帮助行为）的分子和神经生物学调节机制有关。C. Kasper, F. O. Hebert, N. Aubin-Horth, B. Taborsky. Divergent brain gene expression profiles between alternative behavioural helper types in a cooperative breeder, *Molecular Ecology* 27 (2018): 4136-4151.

第七章：

［1］R. C. Connor, M. R. Heithaus, L. M. Barré. Superalliance of bottlenose dolphins, *Nature* 397 (1999): 571-572; R. C. Connor, J. J. Watson-Capps,W. S. Sherwin, M. Krützen. New levels of complexity in the male alliance networks of Indian Ocean bottlenose dolphins (*Tursiops sp.*), *Biology Letters* 7 (2011): 623-626; R. C. Connor M. Krützen. Male dolphin alliances in Shark Bay: Changing perspectives in a 30-year study, *Animal Behaviour* 103 (2015): 223-235; R. C. Connor. Dolphin social intelligence: Complex alliance relationships in bottlenose dolphins and a consideration of selective environments for extreme brain size evolution in mammals, *Philosophical Transactions of the Royal Society of London* 362 (2007): 587-602; L. Marino, R. C. Connor, R. E. Fordyce,L. M. Herman, P. R. Hof, L. Lefebvre, D. Lusseau et al.. Cetaceans have complex brains for complex cognition, *PLoS Biology* 5 (2007): 966-972.

［2］D. De Luca. The Socio-Ecology of a Plural Breeding Species: The Banded Mongoose (*Mungos mungo*) in Queen Elizabeth National Park Uganda (PhD thesis, University College London, 1998).

［3］F. J. Thompson, H. H. Marshall, J. L. Sanderson, E. I. K. Vitikainen, H. J. Nichols, J. S. Gilchrist, A. J. Young, S. J. Hodge, M. A. Cant. Reproductive competition triggers mass eviction in cooperative banded mongooses, *Proceedings of the Royal Society of London* 283 (2016), https://doi.org/10.1098/rspb.2015.2607; F. J. Thompson, H. H. Marshall, E. I. K. Vitikainen, A. J. Young,

M. A. Cant. Individual and demographic consequences of mass eviction in cooperative banded mongooses, *Animal Behaviour* 134 (2017): 103-112; F. J.Thompson, M. A. Cant, H. H. Marshall, E. I. K. Vitikainen, J. L. Sanderson, H. J. Nichols, J. S. Gilchrist et al.. Explaining negative kin discrimination in a cooperative mammal society, *Proceedings of the National Academy of Sciences* 114 (2017): 5207-5212; L. A. Dugatkin. Long reach of inclusive fitness, *Proceedings of the National Academy of Sciences* 114 (2017): 5067-5068.

［4］F. J. Thompson, H. H. Marshall, E. I. K. Vitikainen, M. A. Cant. Causes and consequences of intergroup conflict in cooperative banded mongooses, *Animal Behaviour* 126 (2017): 31-40; R. Johnstone, M. A. Cant, D. Cram, F. J. Thompson. Exploitative leaders incite intergroup warfare in a social mammal, *Proceedings of the National Academy of Sciences* 117 (2020): 29759-29766; M. A. Cant, E. Otali, F. Mwanguhya. Fighting and mating between groups in a cooperatively breeding mammal, the banded mongoose, *Ethology* 108 (2002): 541-555. 关于缟獴的整体社群生活动态，详见：H. J. Nichols, W. Amos, M. A. Cant, M. B. V. Bell, S. J. Hodge. Top males gain high reproductive success by guarding more successful females in a cooperatively breeding mongoose, *Animal Behaviour* 80 (2010): 649-657; M. B. V. Bell,H. J. Nichols, J. S. Gilchrist, M. A. Cant, S. J. Hodge. The cost of dominance: Suppressing subordinate reproduction affects the reproductive success of dominant female banded mongooses, *Proceedings of the Royal Society of London* 279 (2012): 619-624; M. A. Cant, H. J. Nichols, R. A. Johnstone, S. J. Hodge. Policing of reproduction by hidden threats in a cooperative mammal, *Proceedings of the National Academy of Sciences* 111 (2014): 326-330。

［5］J. Abumrad, R. Krulwich. "Argentine Invasion," July 30, 2012, in Radiolab, podcast, https://www.wnycstudios.org/podcasts/radiolab/articles/226523-ants.

［6］M. L. Thomas, C. M. Payne-Makrisa, A. V. Suarez, N. D. Tsutsui, D. A. Holway. Contact between supercolonies elevates aggression in Argentine ants, *Insectes Sociaux* 54 (2007): 225-233; M. L. Thomas, C. M. Payne-Makrisa, A. V. Suarez, N. D. Tsutsui, D. A. Holway. When supercolonies collide: Territorial aggression in an invasive and unicolonial social insect, *Molecular Ecology* 15(2006): 4303-4315; A. V. Suarez, D. A. Holway, D. S. Liang, N. D. Tsutsui, T. J. Case. Spatiotemporal patterns of intraspecific aggression in the invasive Argentine ant, *Animal Behaviour* 64 (2002): 697-708.

［7］A. V. Suarez, D. A. Holway, N. D. Tsutsui. Genetics and behavior of a colonizing species: The invasive Argentine ant, *American Naturalist* 172 (2008): S72-S84; N. D. Tsutsui, A. V. Suarez, R. K. Grosberg. Genetic diversity, asymmetrical aggression, and recognition in a widespread invasive species, *Proceedings of the National Academy of Sciences* 100 (2003): 1078-1083; N. D. Tsutsui, A. V. Suarez, D. A. Holway, T. J. Case. Reduced genetic variation and the success of an invasive species, *Proceedings of the National Academy of Sciences* 97 (2000): 5948-5953.

［8］J. L. Fitzpatrick, B. J. Bowman, Florida scrub-jays: Oversized territories and group defense in a fire-maintained habitat, in *Cooperative Breeding in Vertebrates: Studies of Ecology, Evolution, and Behavior*, W. Koenig and J. Dickin-son. (Cambridge: Cambridge University Press, 2016), 77-97; A. R. Degange, J. W. Fitzpatrick, J. N. Layne, G. E. Woolfenden. Acorn harvesting by Florida scrub jays, *Ecology* 70 (1989): 348-356.

［ 9 ］ G. E. Woolfenden, J. W. Fitzpatrick. Inheritance of territory in group-breeding birds, *BioScience* 28 (1978): 104-108; G. E. Woolfenden, J. W. Fitzpatrick. Florida scrub jays: A synopsis after 18 years, in *Cooperative Breedingin Birds*; P. B. Stacey, W. D. Koenig. (Cambridge: Cambridge University Press, 1990), 241-266; G. E. Woolfenden, J. W. Fitzpatrick. *The Florida Scrub Jay: Demography of a Cooperative-Breeding Bird* (Princeton: Princeton University Press, 1984).

［ 10 ］ A. Bhadra, R. Gadagkar. We know that the wasps "know". Cryptic successors to the queen in *Ropalidia marginata, Biology Letters* 4 (2008): 634-637; A. Bhadra, P. L. Iyer, A. Sumana, S. A. Deshpande, S. Ghosh, R. Gadagkar. How do workers of the primitively eusocial wasp *Ropalidia marginata* detect the presence of their queens? *Journal of Theoretical Biology* 246 (2007): 574-582;A. Bhadra. Queens and Their Successors: The Story of Power in a Primitively Eusocial Wasp (PhD thesis, Centre for Ecological Sciences, Bangalore, India, 2008).

［ 11 ］ M. E. Gompper. *Free-Ranging Dogs and Wildlife Conservation* (Oxford: Oxford University Press, 2013); W. Bollee. *Gone to the Dogs in Ancient India* (Munich: Verlag der Bayerischen Akademie der Wissenschaften, 2006);B. Debroy. *Sarama and Her Children: The Dog in Indian Myth* (New York: Penguin Books, 2008).

［ 12 ］ S. Sen Majumder, A. Bhadra, A. Ghosh, S. Mitra, D. Bhattacharjee, J. Chatterjee, A. K. Nandi, A. Bhadra. To be or not to be social: Foraging associations of free-ranging dogs in an urban ecosystem, *Acta Ethologica* 17 (2014):1-8; D. Bhattacharjee, S. Dasgupta, A. Biswas, J. Deheria, S. Gupta, N. N. Dev,M. Udell, A. Bhadra. Practice makes perfect: Familiarity of task determines success in solvable tasks for free-ranging dogs (*Canis lupus familiaris*), *Animal Cognition* 20 (2017): 771-776; M. Paul, S. Sen Majumder, A. Bhadra. Selfish mothers? An empirical test of parent-offspring conflict over extended parental care, *Behavioural Processes* 103 (2014): 17-22; S. Sen Majumder, A. Chatterjee, and A. Bhadra, A dog's day with humans: Time activity budget of free-ranging dogs in India, *Current Science* 106 (2014): 874-878; A. Bhadra, D. Bhattacharjee, M. Paul, A. Singh, P. R. Gade, P. Shrestha, A. Bhadra. The meat of the matter: A rule of thumb for scavenging dogs? *Ethology Ecology & Evolution* 28 (2016): 427-440; M. Paul, S. Sen Majumder, A. Bhadra. Grandmotherly care: A case study in Indian free-ranging dogs, *Journal of Ethology* 32 (2014): 75-82; S. K. Pal. Factors influencing intergroup agonistic behaviour in free-ranging domestic dogs (*Canis familiaris*), *Acta Ethologica* 18 (2015): 209-220. Robert Bonanni has studied intergroup power dynamics in street dogs in Rome: R. Bonanni, P. Valsecchi, E. Natoli. Pattern of individual participation and cheating in conflicts between groups of free-ranging dogs, *Animal Behaviour* 79 (2010): 957-968;R. Bonanni, E. Natoli, S. Cafazzo, P. Valsecchi. Free-ranging dogs assess the quantity of opponents in intergroup conflicts, *Animal Cognition* 14 (2011): 103-115.

［ 13 ］ M. C. Crofoot, D. I. Rubenstein, A. S. Maiya, T. Y. Berger-Wolf. Aggression, grooming and group-level cooperation in white-faced capuchins (*Cebus capucinus*): Insights from social networks, *American Journal of Primatology* 73 (2011): 821-833.

［ 14 ］ M. C. Crofoot. The cost of defeat: Capuchin groups travel further, faster and later after losing conflicts with neighbors, *American Journal of Physical Anthropology* 152 (2013): 79-85.

［15］M. C. Crofoot, I. C. Gilby, M. C. Wikelski, R. W. Kays. Interaction location outweighs the competitive advantage of numerical superiority in *Cebus capucinus* intergroup contests, *Proceedings of the National Academy of Sciences* 105 (2008): 577-581; 关于生物进化与 "搭便车" 问题，详见：C. T. Bergstrom, L. A. Dugatkin. *Evolution* (New York: W. W. Norton, 2016); M. C. Crofoot, I. C. Gilby. Cheating monkeys undermine group strength in enemy territory, *Proceedings of the National Academy of Sciences* 109 (2012): 501-505。

［16］A. V. Jaeggi, B. C. Trumble, M. Brown. Group-level competition influences urinary steroid hormones among wild red-tailed monkeys, indicating energetic costs, *American Journal of Primatology* 80 (2018), https://doi.org/10.1002/ajp.22757; M. Brown. Intergroup Encounters in Grey-Cheeked Mangabeys (*Lophocebus albigena*) and Redtail Monkeys (*Cercopithecus ascanius*): Form and Function (PhD thesis, Columbia University, 2011).

第八章：

［1］J. J. M. Massen, A. Pasukonis, J. Schmidt, T. Bugnyar. Ravens notice dominance reversals among conspecifics within and outside their social group, *Nature Communications* 5 (2014), https://doi.org/10.1038/ncomms4679.

［2］A. Guhl. Social behavior of the domestic fowl, *Technical Bulletin, Kanas Agricultural Experimental Station* 73 (1953): 3-48; M. D. Breed, S. K. Smith, B. G. Gall. Systems of mate selection in a cockroach with male dominance hierarchies, *Animal Behaviour* 28 (1980): 130-134; A. Moore. The inheritance of social dominance, mating behavior and attractiveness to mates in male *Nauphoeta cinerea, Animal Behaviour* 39 (1990): 388-397; A. Moore, M. Breed. Mate assessment in a cockroach, *Nauphoeta cinerea, Animal Behaviour* 34 (1986): 1160-1165; A. Moore, W. Ciccone, M. Breed. The influence of social experience on the behaviour of male cockroaches, *Nauphoeta cinerea, Journal of Insect Behavior* 1 (1988): 157-168.

［3］L. A. Dugatkin, M. Alfieri, A. J. Moore. Can dominance hierarchies be replicated? Form-reform experiments using the cockroach, *Nauphoeta cinerea, Ethology* 97 (1994): 94-102.

［4］A. V. Georgiev, D. Christie, K. A. Rosenfield, A. V. Ruiz-Lambides, E. Maldonado, M. E. Thompson, D. Maestripieri. Breaking the succession rule: The costs and benefits of an alpha-status take-over by an immigrant rhesus macaque on Cayo Santiago, *Behaviour* 153 (2016): 325-351; D. Maestripieri. *Macachiavellian Intelligence: How Rhesus Macaques and Humans Have Conquered the World* (Chicago: University of Chicago Press, 2008); F. B. Bercovitch. Reproductive strategies of rhesus macaques, *Primates* 38 (1997): 247-263; J. Berard. A four-year study of the association between male dominance rank, residency status, and reproductive activity in rhesus macaques (*Macaca mulatta*), *Primates* 40 (1999): 159-175; J. H. Manson. Do female rhesus macaques choose novel males? *American Journal of Primatology* 37 (1995): 285-296. 关于更全面的综述，参阅：J. A. Teichroeb, K. M. Jack. Alpha male replacements in nonhuman primates: Variability in processes, outcomes, and terminology, *American Journal of Primatology* 79 (2017), https://doi.org/10.1002/ajp.22674。

［5］J. P. Higham, D. Maestripieri. Revolutionary coalitions in male rhesus macaques, *Behaviour* 147 (2010): 1889-1908.

［6］J. C. Azkarate, J. C. Dunn, C. D. Bacells, J. V. Baro. A demographic history of a population of howler monkeys (*Alouatta palliata*) living in a fragmented landscape in Mexico, *Peerj* 5 (2017), https://doi.org/10.7717/peerj.3547.

［7］伯氏妊丽鱼（*Astatotilapia burtoni*）有时又被称为"*Haplochromis burtoni*"，关于该物种行为的综述，详见：K. P. Maruska, R. D. Fernald. *Astatotilapia burtoni*: A model system for analyzing the neurobiology of behavior, *ACS Chemical Neuroscience* 9 (2018): 1951-1962, R. D. Fernald, K. P. Maruska. Social information changes the brain, *Proceedings of the National Academy of Sciences* 109 (2012): 17194-17199; J. L. Loveland, N. Uy, K. P. Maruska, R. E. Carpenter, R. D. Fernald. Social status differences regulate the serotonergic system of a cichlid fish, *Astatotilapia burtoni, Journal of Experimental Biology* 217 (2014): 2680-2690。

［8］K. P. Maruska, L. Becker, A. Neboori, R. D. Fernald. Social descent with territory loss causes rapid behavioral, endocrine and transcriptional changes in the brain, *Journal of Experimental Biology* 216 (2013): 3656-3666;K. P. Maruska. Social transitions cause rapid behavioral and neuroendocrine changes, *Integrative and Comparative Biology* 55 (2015): 294-306; K. P. Maruska,A. Zhang, A. Neboori, R. D. Fernald. Social opportunity causes rapid transcriptional changes in the social behaviour network of the brain in an African cichlid fish, *Journal of Neuroendocrinology* 25 (2013): 145-157; R. E. Carpenter, K. P. Maruska, L. Becker, R. D. Fernald. Social opportunity rapidly regulates expression of CRF and CRF receptors in the brain during social ascent of a teleost fish, *Astatotilapia burtoni, PLoS ONE* 9 (2014), https://doi.org/10.1371/journal. pone.0096632; J. M. Butler, S. M. Whitlow, D. A. Roberts, K. P. Maruska. Neural and behavioural correlates of repeated social defeat, *Scientific Reports* 8 (2018), https://doi.org/10.1038/s41598-018-25160-x.

［9］K. P. Maruska, R. D. Fernald. Plasticity of the reproductive axis caused by social status change in an African cichlid fish: II. Testicular gene expression and spermatogenesis, *Endocrinology* 152 (2011): 291-302; K. P. Maruska, B. Levavi-Sivan, J. Biran, R. D. Fernald. Plasticity of the reproductive axis caused by social status change in an African cichlid fish: I. Pituitary gonadotropins, *Endocrinology* 152 (2011): 281-290; K. P. Maruska, R. D. Fernald. Behavioral and physiological plasticity: Rapid changes during social ascent in an African cichlid fish, *Hormones and Behavior* 58 (2010): 230-240; K. P. Maruska. Social transitions cause rapid behavioral and neuroendocrine changes, *Integrative and Comparative Biology* 55 (2015): 294-306.

著作权合同登记号：图字01-2022-4962

图书在版编目（CIP）数据

荒野夺权：动物世界的明争暗夺 /（美）李·艾伦·杜加金著；张玫瑰译 .
-- 北京：中译出版社，2023.8
书名原文：Power in the Wild: The Subtle and Not-So-Subtle Ways Animals Strive for Control over Others
ISBN 978-7-5001-7422-6

Ⅰ . ①荒… Ⅱ . ①李… ②张… Ⅲ . ①动物学 - 普及读物 Ⅳ . ① Q95-49

中国国家版本馆 CIP 数据核字 (2023) 第113737号

荒野夺权：动物世界的明争暗夺
HUANGYE DUOQUAN:DONGWU SHIJIE DE MINGZHENG'ANDUO

策划编辑：温晓芳 马昕竹
责任编辑：温晓芳
营销编辑：梁 燕
装帧设计：张珍珍

出版发行：中译出版社
地　　址：北京市西城区新街口外大街 28 号普天德胜主楼四层
电　　话：（010）68002926
邮　　编：100044
电子邮箱：book@ctph.com.cn
网　　址：http://www.ctph.com.cn
印　　刷：北京盛通印刷股份有限公司
经　　销：新华书店
规　　格：710毫米 ×1000毫米　1/16
印　　张：14.5
字　　数：159千字
版　　次：2023年8月第1版
印　　次：2023年8月第1次

ISBN 978-7-5001-7422-6　　定价 59.00元

POWER
IN THE WILD